新手種花
100問

資深專家40年經驗，
種植超過1000種植物，
疑難雜症全圖解

**暢銷
修訂版**

陳坤燦——著

Content

Part 2
種植篇

Part 3
管理篇

Part 4
繁殖篇

Part 5
病蟲害篇

作者序
生活有花草相伴，是人生最大的享受

　　我總是開玩笑地說，我這輩子都在拈花惹草。我從小就對植物有極大的興趣，求學時期選擇就讀了松山工農園藝科，不但認識了現在的老婆，畢業後也一頭栽入了植物相關工作，花草植物充斥了我的工作和生活，伴隨了我四十幾年。

　　我和太太本來都是台北人，也都很喜歡植物，不僅從事園藝推廣的工作，連下班後的生活，也都脫離不了這些花草們。當初在台北自家陽台與屋頂種植了各式各樣的植物，形成一座城市花園。

　　不過，當公寓屋頂、陽台都被我們種滿、無法再容納新植物時，我們興起了買地搬家的念頭，也許聽起來有點瘋狂，竟然有人會為了種植植物，選擇搬家？不過，這的確是我們的心之所向。

　　在交通、經濟、環境等多方面評估考量後，我們鎖定了宜蘭地區。不過剛開始看房時，房仲帶我們看的都是漂亮的別墅，可以種植的空地不大，直到後來看到一個腹地很大，不過感覺荒煙蔓草、很久沒人住、屋齡也偏舊，一般人應該看不上眼的房子，不過我和太太一眼看了就覺得它就是我們要的，而且交通方便，往返台北上班也不是問題。

我們大概花了半年的時間打點好一切，將台北的房子賣掉，舉家移居宜蘭。記得當時出動了三台十五噸的大吊卡車，才將原本屋頂的植物吊運到宜蘭。結果原本屋頂三十幾坪滿滿的植物，種到二十倍大的土地上，被稀釋到連邊界都種不滿的窘狀，我開始「以樹養地」的方式，先種植大棵植物，一點一滴打造之下，如今過了八年，現已形成一座小森林的景象。

我們把這座小森林取名叫做「融融苑」，希望萬物都能在此和樂共融、交融，不管是人類、植物、動物昆蟲。當植物種類多了（粗略計算我們家有五百多種植物），很多鳥類、昆蟲也前來棲息，在我家的一棵樹上，就可以發現好幾十隻獨角仙，晚上聽得到蟲鳴鳥叫，形成一個小小生態圈。身為主人的我，歡迎萬物前來共享。

喜歡植物的人，渴望讓植物有足夠的生長空間可以發展。以前生活在都市，受限於空間，只能種在盆器裡，搬到宜蘭後，植物們可以

🌱 八年前，還是光禿禿的景象。

🌱 經過八年的種植，綠意盎然。

自由生長，也才看出它們的可能。以前已經知道的知識，或是出現在書裡的內容，當自己真正種了一遍，更加踏實，體會也更加深切。

如果你以為種植經驗豐富的我，所種的植物就一定不會枯萎，那就錯了。「四時生長皆有序，花葉枯榮必有因」，這是我近年來的種植體悟。我認為「師法自然，順性而為」，才是養好植物的基本觀念。這本書集結了我多年的種植經驗，很基礎，卻非常全面與實用，幾乎涵蓋了所有種植的大小事，不管你只是想在家中陽台種植一些盆栽，還是想要打造居家花園、菜園等，都非常受用。

如果你想要讓生活中能有這些美麗的花草相伴，享受園藝的樂趣，這本書絕對能滿足你的想望。

陳坤燦

Part 1
基礎篇

建立好基礎觀念、知識，
不管種植花卉、觀葉、多肉等各種種類，
都能為它們找到適合的養護方式。

根、莖、葉、芽、花，快速解構植物構造

認識植物的基本構造，懂得欣賞，也懂得照顧

絕大多數的植物生長，都是藉由根部吸收養分、葉子行光合作用、莖部負責傳導運輸，直到各個影響生長的因素皆具備，植物就會開花進行繁殖，如此循環不已，完成植物的生命週期。

植物的基本構造

1. 根：植物的根本

負責支撐、吸收介質中的養分、水分及空氣。根部較粗大的部分，含有儲藏的功能，又稱貯藏根。主要吸收的位置，是位於根部最末端的根毛，大部分的植物都有根毛，唯有少數的植物（像是水生植物）沒有根毛。

不過，並非所有的根都為「有效根」。大家在換盆時，或可觀察倒掉的路樹，如果是嫩嫩白白、帶有根毛的根，才代表是具有活力、有效運作的「有效根」；如果黑黑枯枯，即為老化的根，已不具吸收力，僅剩儲藏的功能（如果已經爛根，就連儲藏功能也失去了）。

具備這樣的基本知識，在進行換盆時，就會知道該剪除哪些老舊根、哪些是必需保留的，這些是本章想要傳遞給大家的觀念，看起來簡單，卻能提升實際種植的判斷力。

2. 莖：植物的支柱

　　負責運輸和傳導。另外一項主要的功能是發芽生長的位置，依照生長位置有頂芽、腋芽、不定芽之分。

3. 節：長出葉子的地方

　　莖上面長葉子的地方稱做「節」，節和節中間稱為「節間」。正常情況下，葉片經過汰舊換新，會自然從節上掉落，但如果有快速落

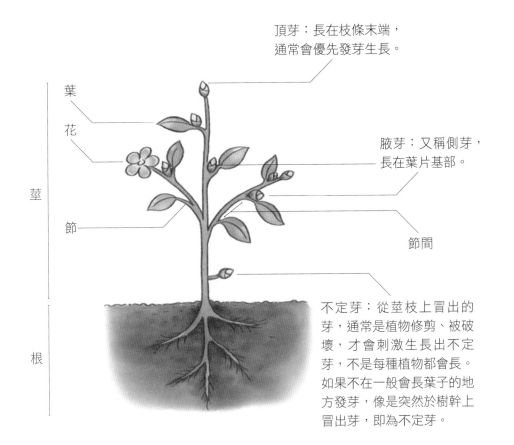

頂芽：長在枝條末端，通常會優先發芽生長。

葉

花

莖

節

腋芽：又稱側芽，長在葉片基部。

節間

根

不定芽：從莖枝上冒出的芽，通常是植物修剪、被破壞，才會刺激生長出不定芽，不是每種植物都會長。如果不在一般會長葉子的地方發芽，像是突然於樹幹上冒出芽，即為不定芽。

葉的情形就要特別留意，通常是因為錯誤的澆水方式，水分給予過多或缺水所導致。

4. 葉：負責植物的呼吸

葉片除了行光合作用製造養分外，也是植物的抽水站，行蒸散作用，牽引植物根部的水分上升到植物各部分。

5. 花：開花結果讓生命延續

開花結果、產生種子是植物生長的目的，花朵形狀、顏色也是園藝栽培的主要欣賞部位，我們後面會有更詳細的介紹。

植物豐富的觀賞價值

大家在小學的自然課本中，都已經了解根、莖、葉的基本構造和功能，不過可惜的是，大部分的人都很少帶著這些知識去看待身邊的花草植物。花朵、果實、葉片因為外型多變搶眼，較受到注目，但其實根、莖、芽也具有觀賞之處。

像是塊根類多肉植物，圓圓胖胖的根受到許多人喜歡。仙人掌或是有些特殊的植物，莖上的造型與斑紋也具觀賞趣味。種子盆栽的發芽過程總是讓人感受到植物的生命力，春天時楓樹的芽轉變成葉的過程，紅通通的姿態美不勝收。植物的美，無所不在，就看你是否有細細品味了。

在我們經常可見的植物中，有些植物的花不甚美麗，或者花開在不容易看到的地方。也有許多植物是不會開花的，像是蕨類植物沒有開花的器官，不會結出種子，因此它們是靠孢子進行繁殖。

　　植物開花的主要目的並非是讓人們欣賞，而是為了「結果以傳宗接代」。花有不同的形狀、味道、顏色，可以吸引不同的對象來幫它們傳授花粉。通常在夜晚盛開的花大多呈白色且具有香氣，可吸引蝙蝠或蛾類前來傳遞花粉；又大又鮮豔的紅花可以吸引鳥類前來；瘦瘦長長像喇叭形狀的花，可吸引蝴蝶類；鈴鐺型與唇型的花則大多吸引蜜蜂。因為花朵的構造不同，因而引吸不同的對象前來，自然界的奧祕是不是很有趣呢！

繁星花是蝴蝶特別喜歡接近的對象。

鮮豔的紅色刺桐，容易吸引鳥類前來。

基本知識

喬木、灌木、蔓藤植物，
特性大解析

喬木有明顯主幹，灌木主幹不明顯，蔓藤很會攀爬

有些人會以植物的高度來辨別喬木或灌木，不過這並不全然正確。主要需以「有無明顯主幹」來辨別，高度則為次要的參考，通常喬木可以長到樹高五公尺以上，而灌木樹高不超過二公尺。

快速掌握喬木、灌木的特性

木本植物是指莖部木質化的多年生植物，又可分為喬木、灌木。喬木有明顯主幹，長到一定高度時會開始分枝，一般常見的樹木皆屬於喬木，例如鳳凰木、木棉花、榕樹、樟樹等等。灌木則是沒有明顯主幹，從地面開始就會長出很多枝幹，一般來說植株會比喬木稍微矮小，像是繡球花、杜鵑、玫瑰、梔子花等等。

不管是喬木或灌木，又依落葉的情形分成常綠喬木、落葉喬木、常綠灌木、落葉灌木。常綠喬木、灌木全年都會保持葉片繁盛的狀態，即使葉片老化掉落後也會很快長出新葉；落葉喬木、灌木即是一年當中有一段時間葉子會完全掉落，呈現光禿禿的樣貌。

```
                    ┌─────────┐
                    │  木本   │
                    │  植物   │
                    └─────────┘
          ┌────────────┴────────────┐
  ┌───────────────────┐   ┌───────────────────┐
  │      喬木         │   │      灌木         │
  │ （高大有明顯主幹） │   │ （低矮無明顯主幹） │
  └───────────────────┘   └───────────────────┘
    ┌──────┴──────┐        ┌──────┴──────┐
┌──────────┐ ┌──────────┐ ┌──────────┐ ┌──────────┐
│ 落葉喬木 │ │ 常綠喬木 │ │ 落葉灌木 │ │ 常綠灌木 │
└──────────┘ └──────────┘ └──────────┘ └──────────┘
```

🌱 樟樹，是一年四季都很茂盛的常綠喬木。

🌱 楓香，為常見的落葉喬木。

🌱 繡球花，為落葉灌木。

🌱 杜鵑花，為常綠灌木。

基本知識

了解這些植物的生長特性後，就可以為自家量身打造想要的景致。想要有一棵四季皆可乘涼的大樹，就選擇常綠喬木；如果想要感受四季變化，就選擇落葉喬木或灌木；如果想要圍起矮籬，就選擇常綠灌木。

利用蔓藤植物的攀附特性，打造圍籬、陽台造型

蔓藤植物具有不同的攀附、伸展能力，可依照其特性應用。像是爬牆虎、薜荔攀附性強，適合做牆面綠化遮蔭；下垂延展性佳的蔓性馬纓丹、常春藤，可做吊盆應用；百香果、炮仗花、錫葉藤，擁有擴展蔓延力，適合做花棚或綠籬。

蔓藤植物的莖無法直立，必需依附在其他物體上生長。經由莖部木質化與否可再分成「草質藤本」或「木質藤本」兩種。草質藤本的體型較小，因為莖部柔軟，放在吊盆中可以懸垂生長，或攀爬支架生長，依照生命週期的長短又分為一、二年生草質藤本（例如牽牛花、絲瓜）與多年生草質藤本（例如洋落葵、黃金葛）。

木質藤本的體型較大，莖部木質化後比較強健，可以常年生長提供庭院等用途。依照落葉情形又可分為落葉木質藤本（例如紫藤、葡萄、使君子）與常綠木質藤本（例如九重葛、軟枝黃蟬、蒜香藤）。

```
        蔓藤
        植物
    ┌─────────────┴─────────────┐
  木質藤本                    草質藤本
  ┌───┴───┐              ┌───┴───┐
落葉      常綠        一、二年生    多年生草質
木質藤本  木質藤本    草質藤本      藤本
```

🌿 牽牛花,為一、二年生草質藤本。　　🌿 洋落葵,為多年生草質藤本。

🌿 紫藤,落葉木質藤本。　　🌿 炮仗花,常綠木質藤本。

一、二年生草本植物，短暫的生命週期

種植一年就凋亡並非你的錯，而是植物的特性

　　草本植物體型小，依照植物壽命又可分為「一、二年生草本」與「多年生草本」，多年生草本可再分為「常綠多年生草本」以及「宿根性多年生草本」。

一、二年生草本，只有一至二年的短暫生命

　　一年生的草本植物，生命週期不到一年，二年生的草本植物，則大概會超過一年，因為生命都很短暫，所以我們通常通稱它們為「一、二年生草本」，像是波斯菊、鳳仙花、百日草、雞冠花。這類型的草本植物不管栽培技術再好，只要盛花過後或氣候、溫度不適時，就會自然凋零。

　　雖然栽培觀賞的時間較為短暫，但是換個角度來看，這些草花將一生所吸收的養分，全心投注在開花上，綻放出最美麗的姿態，仍然非常具有觀賞、栽種價植。

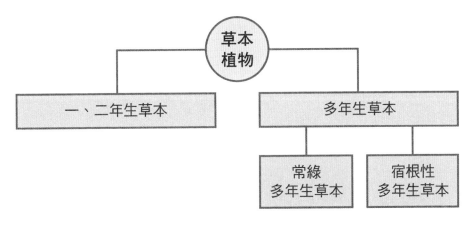

```
              草本
              植物
        ┌───────┴───────┐
   一、二年生草本          多年生草本
                    ┌──────┴──────┐
                 常綠          宿根性
               多年生草本      多年生草本
```

🌿 大波斯菊（左圖）、蜀葵（右圖），皆為一二年生草本。

🌿 百合，為宿根性草本。　　🌿 粗肋草，為多年生草本。

基本知識

多年生草本，擁有堅韌生命力

可以一直生長的草本植物，稱之為「多年生草本」，雖然也會因老化衰弱，不過會不斷開枝散葉延續生命。多年生草本植物又可分成「常綠多年生草本」與「宿根性多年生草本」兩種。

終年常綠、沒有休眠期、擁有源源不絕的生命力的草本植物，稱之為「常綠多年生草本」，像是粗肋草、觀葉秋海棠。遇到特別熱或冷的氣候時，在地上的枝葉會枯掉，並利用土裡的根部進行休眠以抵抗惡劣環境，等待環境好轉時，會再重新生長，稱為「宿根性多年生草本」，根部發達的球根植物，像是孤挺花、百合花等皆為此類型。

🌱 孤挺花。

🌱 台灣百合。

「水生植物」與「水耕植物」有何不同？

兩者為截然不同的栽培方式，不要搞混了！

「水耕植物」指的是無土栽培，將原本生長在土裡的陸地植物，改用水來種植；「水生植物」則是指在生命的某個階段中，必需在水域中生長的植物。了解定義後，即能清楚區分兩者的不同。

「水耕植物」只要用水就可以種植？

幾乎每一種陸地植物都可以用水耕方式栽種，連耐旱的仙人掌也可以喔！但是對於種植新手而言，建議先挑選比較好種植的水耕植物，像是黃金葛、開運竹等，栽種時需經常換水、保持水質乾淨，即能常保植株健康。

水生植物的特性與種類

水生植物基本上不適合居家室內栽種，因為水生植物通常需要陽光曝曬，一般室內照明的強度無法滿足此生長需求。水族館裡栽培的水生植物，因為有加強燈光補充照明，才能正常生長。因此，如果是

戶外庭園、屋頂以及陽光充足的陽台，就可以種植大多數的水生植物。水生植物可分為以下幾種：

1. 浮水性水生植物

能漂浮在水面上，水底不需要放泥土就可以栽培，像是布袋蓮、菱角、浮萍等。

✍ 布袋蓮。

2. 挺水性水生植物

挺水性水生植物的根在水底泥中生長，莖葉會挺出水面外，像是芋頭、荷花、燕子花、水鳶尾等。

✍ 花菖蒲是水生的鳶尾，在日本非常風行。

3. 浮葉性水生植物

　　浮葉性水生植物的根在水底泥中生長，葉子會密貼水面，像是睡蓮、莕菜。

🌿 睡蓮的外型與荷花相似，但荷花的葉子挺出水面，睡蓮則是浮於水面。

4. 沉水性水生植物

　　植物體完全沉在水中，根不一定生長在泥裡，開花時花朵大多會露出水面外，像是水蘊草、蝦藻。

🌿 蝦藻的葉片呈流線形且柔軟，即使水流湍急也不會被折斷。

基本知識

多肉植物不用澆水也能活？

可以不用每天澆水，但是每次澆水皆要一次澆足

　　多肉植物可以忍受乾旱，所以不用天天澆水，因此有「懶人植物」的稱號，不過並不表示可以對它置之不理。澆水頻率可以比一般植物的間隔時間長，但澆水時仍要掌握土壤乾時一次澆透的原則。

多肉植物要如何照顧？

　　多肉植物有許多不同的種類，不過基本上特性相似，照顧養護的方式也大同小異，幾乎都需要全日照（只有部分例外），如果光線不足，容易徒長細長或是色澤不佳。

　　有些多肉植物的構造特殊，植株容易滯留水分，澆水時要特別小心，避免讓水分殘留在植株上。像是石蓮花的葉片或帶有毛的仙人掌，水分會滯留在心部，當陽光一照射就容易從心部腐爛，需要特別注意。有些多肉植物具有休眠性，休眠期應該避免澆水。

　　另外，種植環境需保持通風，避免悶熱潮濕，即能減少病蟲害的發生。如果不幸有病害發生，初期可以將染病部位剪除，如仍有蔓延的情形，建議整株丟棄，以免傳染給其他健康植物。

🌱 玉露的葉片末端透明能夠透光。

🌱 月兔耳的葉片有灰白色的短絨毛，
　　摸起來有特別的觸感。

多肉植物的種類

　　多肉植物的造型可愛多變，吸引不少愛好者。多肉植物是由三種植物器官特化（註）而成：

1. 葉片肥厚的多肉植物

　　景天科和阿福花科的多肉植物，每種葉片構造和形狀都有其特色，例如阿福花科的蘆薈、鷹爪草類；景天科的虹之玉、石蓮花等。

🌱 葉多肉化的蘆薈，是
　　常見的多肉植物。

🌱 景天科的朧月，是常
　　見典型葉片肥厚的多
　　肉植物。

註：植物因為功能、
　　適應力等方面限
　　制，使其細胞、
　　組織、器官，甚
　　至個體結構上產
　　生改變，稱之為
　　特化。

2. 莖部肥厚的多肉植物

仙人掌科、大戟科多肉植物多屬於此類，外型相當有個性。

🌱 仙人掌莖部多肉化，為最具代表性的多肉植物。

🌱 小花犀角的花瓣密布紅褐色毛，花朵具有腐肉臭味。

3. 根部肥厚的多肉植物

即塊根性多肉植物，根部肥大，具有獨特的觀賞趣味。

🌱 根多肉化的紫晃星，會開出紫色的花朵。

🌱 人參大戟的根多肉化。

食蟲植物需要餵蟲或施肥嗎？

食蟲植物靠光合作用和捕食昆蟲，即可生長

食蟲植物因為生長在貧瘠的環境，演化出具有捕食動物的構造，替自己增加養分的來源，基本上不需要施肥就可以生長。但為了促進生長，施肥仍是有所幫助的，只是食蟲植物的根系對於肥料較為敏感，建議施肥量要比肥料包裝所建議的用量還要少，例如液體肥料就要加倍稀釋，以避免造成肥傷。

會抓蟲的植物都是食蟲植物嗎？

食蟲植物又稱為肉食植物，簡單來說，就是指演化出特殊構造，能捕捉昆蟲等小生物，並且可以分解、吸收的植物。有些植物的葉子具有黏性，雖然可以抓蟲，卻不能消化吸收它們的養分，所以無法稱為食蟲植物。

很多人覺得食蟲植物很可怕，好像是電影裡會出現的食人花，但是其實它們擁有強大的生存韌性，為了在貧瘠的環境下生存，發展出捕捉昆蟲的方式來補充營養、延續生命。

基本知識

食蟲植物的捕蟲法

食蟲植物主要生長在潮濕的環境，擁有獨特的構造與鮮豔的外表，藉以吸引昆蟲的注意，而這些特殊的魅力，也吸引很多愛花人對食蟲植物情有獨鍾。依補蟲方式，可分為以下三種：

1. 陷阱式捕蟲法

利用陷阱捕捉的食蟲植物，擁有囊狀中空的構造，會散發出特殊的顏色及氣味吸引昆蟲，上面的開口處很滑，昆蟲很容易不小心掉下去，掉入後很難爬出，像是豬籠草、瓶子草。

🌱 豬籠草的捕蟲籠有很多種形狀，像是漏斗形、圓形、卵形、球形等。

🌱 瓶子草有漏斗形狀的陷阱，並產生酵素來分解掉入的獵物。

2. 沾黏式捕蟲法

此種食蟲植物的葉子會分泌黏液，散發出氣味吸引昆蟲前來。它們的葉片黏液含有消化酵素，會將昆蟲慢慢分解，像是毛氈苔、補蟲菫等。

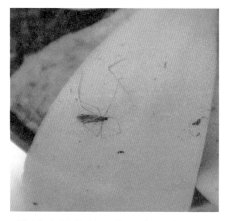

🌱 毛氈苔的葉片邊緣充滿會分泌黏液的腺毛，當昆蟲落在葉面時，就會被黏住。

🌱 捕蟲菫的葉片會分泌黏液，將昆蟲黏住。

3. 捕獸夾式捕蟲式

　　植物葉片的構造像蚌殼一樣，等蟲子掉進去後就會密合住，等到消化完才會再打開，最後只留下昆蟲殘骸，像是捕蠅草。

🌱 捕蠅草可以迅速的關起葉片以捕食昆蟲。

觀花植物、觀葉植物，
如何選擇？

　　這幾年觀葉植物深受喜愛，像是蓬萊蕉、蔓綠絨等，有些特殊品種價值不菲，會建議入門新手先從好種植、價錢可負擔的品項入門，如果只是一頭熱的大行採購，種植基本功都還沒有練好，很容易以失敗收場。

觀葉植物，欣賞不同葉片的獨特性

　　觀葉植物指的是葉片形狀、質感、斑紋、色澤，都有其不同特色具有觀賞價值，像是常春藤、黃金葛、合果芋、蔓綠絨、變葉木等。

　　記得我考上松山工農園藝科後，第一次逛建國花市時，所買的觀葉植物是小白網紋草，葉片密佈白色網紋，真是惹人憐愛呢！後來還出現紅網紋草，讓綠油油的室內觀葉植物顏色中，多了一些亮麗的色彩選擇。不過種植像是紅網紋草這樣帶有顏色的觀葉植物時，要留意光線需要充足，才能保有紋路的鮮豔度。

　　如果硬要說觀葉植物的「缺點」，就是比較欠缺鮮明的顏色。望向花市、花圃的室內觀葉植物區，幾乎都是一片綠，只能透過少數具

有白、黃、銀斑的觀葉植物，幫綠意加點變化。或是加入竹芋類、網紋草、觀葉秋海棠等葉色豐富一點的觀葉植物，但是如果在較大的室內空間內，因為彩度實在太低，產生的色彩效果也相當有限。

🌿 觀音蓮的葉片有美麗的脈紋。

🌿 蛤蟆秋海棠葉片有金屬光澤。

🌿 葉片又大又紅的亞曼尼粗肋草，能為一片綠油油的觀葉植物中，帶來畫龍點睛的效果。

觀花植物，鮮豔色澤帶來繽紛生活

　　觀花植物擁有豐富多變的花形與花色，像是大家熟悉的玫瑰、菊花、櫻花等，擁有多種花色可以欣賞。而觀花植物甚至是旅遊觀光的重點，像是陽明山花季、荷蘭等地，都是因為種植多種植物花卉而頗負盛名。

　　選購觀花植物時，可以挑選種植於 5 寸盆內的盆花植物，且已經花開茂盛，不必再經過培育的階段，馬上就有花可賞。或是購買不同開花狀態的觀花盆栽，有的已盛開、有的花苞多，可以讓花朵接續開花，在家就能一直欣賞到綻放的花朵。

🌱 金魚草的花形很像是金魚圓圓胖胖的尾巴，因此得名。

🌱 美女櫻很像是多朵小櫻花聚集而成，非常小巧可愛。

🌱 三色菫的花形很像貓臉，有「貓臉花」之稱，擁有豐富多變的顏色。

秋海棠與喜蔭花。

想種植香氛植物，有哪些選擇？

香花植物、香草植物，為生活增添更多迷人氣息

具香味的植物除了可以聞到芳香怡人的氣味之外，經過加工後可製成香包、芳香劑、保養品、沐浴乳、香水等，或是作為料理、茶飲，用途廣泛，和我們的生活密不可分。

香花植物，天然芳香劑

香花植物指的是花朵會散發出宜人香氣的植物，有的味道濃烈、有的則是會散發淡淡的清香。不過，每個人對於香氣的感受不同，像是大家很熟悉的玉蘭花，有些人可能對它的味道深深著迷，有的人可能覺得濃烈到會頭暈，建議挑選時，親自到花市嗅聞一番，找出自己喜歡的氣味。

常見的香花植物：

灌木： 桂花、茶梅、玫瑰、七里香、夜香木、梔子花。

喬木： 梅花、緬梔、艷紫荊、香水樹。

蔓藤：飄香藤、紫藤、使君子、忍冬、茉莉類。

草本：紫羅蘭、紫茉莉、紫芳草、野薑花。

水生：蓮花、睡蓮。

球根：風信子、水仙、文珠蘭、百合。

🌿 清香的白玉蘭，常被使用於保養品和香水。

🌿 桂花的香氣持久，可以做成糕點、泡茶、釀酒。

🌿 茉莉濃郁的香氣，泡成茶飲就是常見的茉莉花茶。

香草植物，可防蟲害？

　　大家都知道香草植物具有實用性，可加入料理中提味，也可以泡成茶飲享用，像是薄荷、檸檬香茅、甜菊、薰衣草、德國洋甘菊、檸檬香蜂草、羅勒、百里香、迷迭香、茴香、奧勒岡等，都是大家熟悉的香草植物。

　　香草植物其特殊的氣味，可以產生「忌避作用」（散發出的氣味可以隔絕昆蟲或病害的入侵），防止害蟲危害植物。不過，這不代表香草植物就「百蟲不侵」，在我的種植經驗裡，有的香草植物的確有好幾年都沒出現過害蟲，但也有的被蟲子啃得坑坑洞洞的。香草的種類很多，分屬於不同的植物科屬，其植物體內蘊含的成分差異大，而且氣味濃度與分布部位不同，害蟲還是有侵害的可能。

基本知識

🌿 羅勒就是九層塔，中式、西式料理和泰國菜中都常使用。

🌿 芳香萬壽菊具有百香果的氣味，很適合沖泡飲用。

🌿 薄荷清涼的香味，常用於藥品、飲料中。

🌿 迷迭香的花、葉、莖，都能提煉成芳香精油，很受歡迎。

生命短暫的草花植物，
如何挑選搭配？

草花生命雖短，但觀賞價值高，是很好的點綴植物

草花植物指的是在花市裡，使用 3 寸黑軟盆種植的草本或木本觀花植物苗株，可依氣候分成涼季草花、暖季草花。

涼季草花在十一月至隔年三月上市，常見的有三色堇、金魚草、香雪球、四季海棠、五彩石竹、非洲鳳仙花等；暖季草花則是在四月至十月登場，常見的有桔梗、向日葵、紫茉莉、蜀葵、雞冠花等。

依種植環境，搭配草花植物的比例

一般人選購植物時，會希望自己的花草能夠活得長久，因此選擇種植常年生長的植物，如九重葛、桂花、茉莉花等，這些植物生命期長，但在觀賞上，植物的色彩較單一，有時一年只有短暫的開花時間。若選擇種植草花，雖然生命短暫，在觀賞上，各色花朵爭奇鬥豔，可以造就花園繽紛色彩。

想要兼顧經濟與美觀，建議採取折衷方式，先考慮種植的環境，再搭配植物的比例。例如利用多數生命週期長的植物，提供綠意的主架構，再搭配兩三成的草花植物來增添色彩，即能兼具綠意與繽紛。

基本知識

🌱 向日葵雖然生命短暫，但盛開時能夠吸引人們觀賞。

🌱 荷包花的形狀就像錢包，非常可愛。

🌱 毛地黃的花朵像一串鈴鐺，但要小心它的毒性很強，不可誤食。

🌱 五彩石竹的花色豐富，花瓣邊緣呈現鋸齒狀，很特別。

🌱 松葉牡丹全年只有冬天不開花，其他季節都綻放。

🌱 非洲鳳仙花有超強的生命力，非常容易開花，很適合新手種植。

🌱 熱情如火的雞冠花，是由很多小花共同組成的。

具有其他用途的植物

植物不只觀賞用，更帶來很高的實用價值

植物和我們的生活密不可分，很多植物都具有極高的經濟價值，經過加工後，遍布在我們的日常中。

1. 食用植物

金桔、番茄、草莓、辣椒、九層塔等，都是很受歡迎的果樹、辛香料盆栽，是居家生活良伴。

2. 藥用植物

像是金線蓮、艾草、桔梗等，都是常見的藥用植物，雖然具有藥效，但仍不建議隨意食用。

3. 染料植物

植物也是天然的染劑，經過特殊的加工提煉，就能釋放出美麗的色彩。山藍、木藍、紫草、紅花等都是染料植物。

🌱 金線蓮的葉片具有獨特的斑紋。

4. 澱粉植物

　　馬鈴薯、甘藷是很重要的澱粉植物，為人類攝取澱粉的主要來源，加工後製成各種粉類及食品，成為不可或缺的經濟作物。

5. 油料植物

　　向日葵、芝麻、橄欖、落花生等，都是常見的植物油，具有多重的經濟價值。

6. 纖維作物

　　棉花、苧麻、黃麻、虎尾蘭等植物的種子絨毛、莖皮、葉片等部位富含纖維，可以作為編織使用。

🌱 紅花是中藥材，也是傳統的天然染料。

🌱 芝麻原來會開花？是的，而且它們的花朵有白色和紫色，為一年生的植物。

如何避免接觸到有毒植物？

不要碰觸植物汁液，就能隔絕大部分的危險

雖然有些居家常見的植物具有毒性，但是大家也不需過於緊張，只要避免誤食或是接觸到其汁液，基本上不會有特別的危險。

造成植物中毒的三大原因

1. 觸摸到汁液

到野外或山上不小心接觸到某些植物（像是咬人貓、咬人狗），會引起皮膚癢，不過一般居家種植的植物，並不會因為觸碰枝葉外表而引起不適症狀，通常是接觸到植物汁液，才會有癢、痛的情形。

像是天南星科的植物汁液裡有草酸鈣結晶，碰觸到皮膚後就會發癢，所以洗芋頭手會很癢就是這個原因，因此大家在進行園藝養護工作時，戴上手套比較安全。

2. 誤食後中毒

誤食是最主要的中毒途徑，通常是誤信為食材或藥用植物，或是口慾期幼童、寵物誤食，只要稍加留意是可以避免的。

基本知識

3. 藉由空氣傳播

　　花粉熱就是透過呼吸造成的一種植物中毒，造成過敏不適，引起打噴嚏、流鼻水、眼睛癢等症狀。像是日本杉木的花粉造成的花粉熱就相當嚴重，但在台灣花粉過敏的案例相對較少發生。

居家常見的有毒植物

1. 天南星科植物

　　像是芋頭類、蔓綠絨、黛粉葉、黃金葛等。

2. 五加科植物

　　像是常春藤、福祿桐等。

3. 夾竹桃科植物

　　顏色鮮豔的黃蟬花、夾竹桃等。

🌿 接觸黛粉葉的汁液，會讓皮膚發癢起疹子。

🌿 常春藤的汁液會引起過敏。

4. 大戟科植物

麒麟花、青紫木、綠珊瑚等。

5. 球根花卉

大部分的球根花卉都含有毒素，那是為了生存所演化的結果。

🌿 夾竹桃包含多種毒性，千萬不可誤食。

🌿 葉背呈紅色的青紫木具有毒性，又稱為「紅背桂」。

🌿 水仙。

球根植物種一次就得丟棄？

溫帶球根大多只種植一次，熱帶球根可生長數次

　　球根植物又稱球莖植物，它們有肥大的根或莖可以儲存養分。因為生長氣候特性的不同，並不是每一種球根植物都可以一直種植。台灣氣候環境，有的種過一次後，很難再度開花。

鬱金香、西洋水仙，開花需要低溫刺激

　　球根類植物大概可分成兩種，一種是溫帶性球根，像是鬱金香、風信子、西洋水仙等，需要低溫打破休眠才能開花。

　　這類型的球根植物在台灣濕熱的環境下，夏季很容易生病腐爛、葉子枯萎，或是因為球根無法累積養分，以致於新球根無法成熟，花芽分化不完全，不易再開花，所以建議這類型的球根隔年不要再繼續種植。

孤挺花、百合花，可多次生長，年年開花

　　另一種為熱帶、亞熱帶球根，像是孤挺花、百合花，不需要在很低的低溫下才能進行花芽分化，很符合台灣的生長環境，所以隔年能

🌿 鬱金香（左圖）和西洋水仙（右圖）的球根，不易再度開花，建議種過一次後即可丟棄。

順利再度開花。

　　特別注意的是，百合在花謝後，不能將梗剪除，必需留下花梗繼續累積球根的養分，大約等到秋天，梗就會自行枯萎，這時再讓它自動分離，就能「養出」新的球根，當球根的養分充足，隔年開的花就會越好、越漂亮喔！

花草小教室

　　西洋水仙、風信子球根有毒，如果誤食將會有危險，需特別小心。很多人會覺得球根植物不易種植，最常遇到的狀況就是球根腐爛。球根的需水量不多，如果以水栽種植，最好選擇透明淺盤，方便觀察根部的生長情形，如果發現有腐爛情形，就要盡速丟棄，以免影響其他球根的生長。如果以土壤種植，則要選擇排水良好的介質與盆器。

🌿 漂亮的風信子球根有毒，需小心！

基本知識

影響植物的生長條件有哪些？

光、空氣、水，溫度、濕度和養分，缺一不可

想要讓栽培的植物生長得好，就一定要了解植物的基本需求，是新手種植前一定要掌握的要領。

植物生長的必要條件

1. 充足的光線

光線是植物生長最重要的關鍵。每種植物對光線的強度需求不同，有些喜歡曬太陽，有些喜歡陰暗處，所以在挑選植物種植前，要先考慮環境可以給予的日照時間及強度。

2. 合宜的溫度

植物有其適合生長的溫度，依照植物原生環境的不同，有些喜歡高溫，有些耐低溫；有些花在涼季開，有些在熱季開；有些會因為太冷或太熱休眠、落葉。台灣四季溫差不大，且高溫期長，大部分都是能耐高溫的熱帶植物，也有少部分生產於高山地區的溫帶植物。

3. 適當水分

給予植物適當的水分，才能夠維持正常的生長。有些植物耐乾，

在略乾的環境下反而會刺激開花，有些則是因雨而開花，端看植物原生環境的不同。視植物的習性調整給予水分，是種植的要領。

4. 流通的空氣

空氣越流通，對植物生長越好。在通風良好的環境下，植物較能順利生長，病蟲害也相對減少。植物的葉子白天行光合作用，吸收二氧化碳放出氧氣；夜晚行呼吸作用，吸收氧氣放出二氧化碳。但植物的根部任何時候都是行呼吸作用，因此植物根部需要大量氧氣，如果因為介質太潮濕造成空氣流通不足，使植物根部缺氧，就會對植物的生長有害。

5. 合適的濕度

來自熱帶雨林的植物，非常喜歡潮濕的環境；來自沙漠的植物，就喜歡乾燥一點的環境，植物原生環境的不同，在生長習性上也有所差別，但大部分的植物都喜歡生長環境較潮濕一點。

6. 恰當的養分

植物栽培介質若含有適當的養分，對植物的生長是有益處的。有些原本生長在沙漠或潮濕沼澤地的特殊環境，這些貧瘠地區本身就沒辦法提供太多養分，若給予這些植物過多養分，反而會妨害植物生長，例如供給仙人掌太多養分，反而會造成莖部裂開，因此養分的多寡要視植物原生環境而定。

🌱 植物要長得好，光、空氣、水、養分等，都是基本條件。

我家種什麼植物比較好呢？

先考慮種植目的，再挑選適合植物

「種什麼植物比較好？」、「什麼植物最好養？」、「什麼植物最容易種得活？」，是很多剛開始接觸植栽的新手們，優先考慮的問題。

選對適合的植物，才能成功種植

我通常會問大家：「你要種在室內還是室外、陽台還是屋頂？種植的空間有多大？光線照射程度如何？平常有多少時間可以照顧？澆水會不會麻煩？喜歡什麼花色？花要不要有香味？預算多少？有沒有忌諱？喜歡堅強耐活的，還是開花美但是壽命短的？」

總結以上的疑問，其實就是要請大家先評估栽培能力與種植的目的。了解自己栽培植物的需求、時間，以及嗜好，再來選擇要種的植物。選對了，就會得心應手，選錯了，花費許多心力可能也無法得到很好的回饋。

挑選植物的三大要點

1. 依照觀賞目的來挑選

　　想要增添綠意，可挑選觀音蓮、黛粉葉、蔓綠絨、山蘇、彩葉芋、千年木等觀葉植物。想要製造繽紛色彩：以觀花植物為主，如矮牽牛、三色菫、百日草等，或是聖誕紅、仙客來、孤挺花等類型的盆花植物。

　　如果想要具有實用價值，選擇可食用的蔬菜，或薰衣草、薄荷、迷迭香等可入菜或泡茶的香草植物，或是桂花、茉莉花、梔子花等有香氣的香花植物。

🌿 薰衣草和桂花擁有特殊香氣，製作成茶飲，風味迷人。

2. 以時間多寡來挑選

　　平常忙碌、沒有太多時間照顧植物的人，建議選擇觀葉植物，或俗稱懶人植物的多肉植物、氣生性蘭花、空氣鳳梨等，或是挑選莖幹大、養分和水分儲存較多的植物，即使疏於照顧，也不會有立即的生命危險。

　　如有充足的照護時間，且有興趣深入研究學習，可以挑戰難度較高的植物，像是盆花植物、果樹盆栽等，再依照植物不同屬性，給予合適的照顧。

3. 依個人喜好挑選

　　有人特別喜歡蘭花，有人偏愛茶花，相信各位愛花人各有所好，因此選擇自己喜歡的植栽種植，從中觀察學習，並且慢慢培養種植的嗜好。可以加入各種植物社團與同好切磋學習，更容易精進。

🌱 盛開的燈籠石斛。

居家園藝要準備哪些必備工具？

工欲善其事，必先利其器

擁有好用的園藝工具，可以讓種植更加上手，可以依照個人的需求斟酌使用！本篇將分享我個人常用的工具。

常用的園藝工具

1. 修剪工具

利用剪定鋏、萬用剪刀，修剪木質化的枝條或是不良枝、殘花、枯葉。

2. 澆水工具

選擇合適大小、好拿易握的澆水壺，較方便澆水。也很推薦使用氣壓式噴霧器，可均勻噴濕幼苗及葉片，也是施液體肥料的好工具，可減少手部重複按壓的次數，較為省力。

🌱 利用剪定鋏修剪粗枝，較不費力。

準備事項

053

如果種植空間較大面積，可選擇多段式噴頭澆水器，有蓮蓬頭、小水柱、霧狀等噴法，可依植株的狀況調整，也更為省時省力。

3．挖掘工具

利用鏟子進行施肥、填土、除草等維護工作。如果是中大型植物，可以用圓鍬、鋤頭挖洞種植。耙子可翻鬆土壤、清理草坪或土壤上的樹葉。

4．防護工具

當種植的植物較多時，最好穿戴圍裙，避免衣服沾染樹汁、泥土，並戴上手套，避免手部被刺傷或受到汁液刺激。

5．輔助工具

可以在盆栽上插上標籤，標註植物的名稱、日期等資料。或是準備一本筆記本作為種植栽培日記，將澆水時間、施肥時間、劑量等資訊記錄下來。

🌿 氣壓式噴霧器。

🌿 適合大花園的多段式噴頭澆水器。

🌿 專門挖除酢漿草的地下球莖或深根性雜草的工具。

🌿 園藝用手套較為厚實，可保護手部。

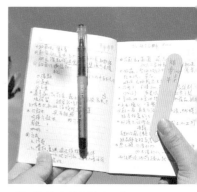

🌿 我的種植筆記本，上面記錄澆水時間、生長狀況等等。

如何挑選品質良好的植栽？

培養敏銳的觀察力，一眼看出好植栽

選購植物和購買其他物品一樣，必須仔細觀察產品細節，這些細節可能就是植栽健康與否的關鍵！

掌握四大關鍵，挑選品質優良的花草

1. 選擇當季生產最多的植物

購買植栽時，應挑選當季最多、最應時的種類，就像購買當季盛產的水果，是最新鮮的道理一樣。

建議新手挑選時，以市面上最常見的品種為優先，這些品項代表市場接受度高、農民培育生產順利。同一類型的品項裡，又有許多不同的品種，像是以空氣鳳梨來說，有的品種葉細、有的粗，葉片粗厚的品種會比較好種植。如果想種特定的稀有種或是國外品種，會建議園藝技術提升到一定的程度再考慮。

2. 選擇豐盛、密實的植株

選擇同種盆栽時，避免挑選長得最高的植株。因為長得太高時，

可能是因為生長環境不適合、販售的時間太久，或是生長環境太擁擠，導致植株生長過高，並不代表是健康的植株。應該要選擇外表看起來比較豐潤、圓滿、密實的植株，即使有點低矮也無妨。

3. 葉片完整、茂密的植株

挑選時需注意植物的葉片是否完整、茂密，葉片顏色要翠綠有光澤，葉片上有無異常枯焦斑紋，葉片的背面有無蟲類孳生，植株有無枯葉、落葉，這些都是判斷植物是否健康的方法。

4. 選擇花苞數量多且分布均勻的植株

購買開花植物時，勿選擇全是花苞的植栽，而是要選擇一部分已經綻放（已開花，可辨別花色），但不要全開滿，且花苞數量多、分布均勻。

如果購買全是花苞的植株，從花苞到完全盛開需要很久時間（例如菊花），在購買時選擇大約已經開出六、七分的花量，回家觀賞才不會需等待開花時間過久。

🌿 選購長得豐盛、圓滿的植株。

🌿 葉片完整、茂密的植株，是健康的象徵。

🌿 選擇花苞數量多且分布均勻的開花植物。

很多人會問我:「這個季節種什麼花比較好呢?」通常我都會回答:「當季在花市賣得最多、最易買到的花,選它就對了。」

「衣服要換季、花也要換季」,花市裡的植物,最能呈現各個季節的風貌。所以如果你希望自己的花園陽台或是居家空間,有不同的植物或是花色,就要在不同的季節到花市挑選應時的花卉,才能讓居家環境布滿各形各色的植栽。

Part 2
種植篇

容器、環境、介質、光照、溫度等，
都與植物的生長息息相關，
需要依照它們的特性與需求，給予適合的栽培環境。

哪一種材質的盆器比較好？

塑膠盆輕巧便宜，瓦盆吸水性佳，更有優缺點

盆器的材質眾多，以天然材質製作的有椰纖、椰殼、蛇木、木材、竹筒、泥炭、紙纖維等；以泥土燒製的有瓦（素燒）、紅泥、鐵砂、陶瓷等，還有塑膠盆器、金屬盆器、玻璃盆器等。利用各種材質的盆器，為植栽營造不同的風格。

依目的選用適合的盆器

1. 塑膠盆，經濟實惠

塑膠盆是最經濟的盆器，質輕、便宜，不過同為標示 PP 的塑膠盆，因為用料不同、盆子厚度以及是否添加抗紫外線的成分等，會讓耐用程度大不相同。

一般常見種植吊盆植物，以及 5 或 7 寸盆花使用的白色 PP 塑膠盆最不耐紫外線，擺放在陽光照射處，大約一兩年盆器就會變色、脆化。紅泥色的 3～7 寸生產栽培用的薄 PP 塑膠盆其次，曬久了會褪色並產生裂痕。材質厚且大多在盆身雕花或製作材質紋路的 PP 塑膠盆，較為耐用。

🌱 白色 PP 塑膠盆最不 　🌱 紅泥色塑膠盆久曬 　🌱 雕花有紋路的塑膠
　 耐紫外線照射。 　　 易裂。 　　 盆最為耐用。

2. 瓦盆，機能性質佳

　　瓦盆可以隔溫、吸水，但透氣有限。因重量足夠，適合栽種植株
高大或容易頭重腳輕的植物，盆子加上介質的重量後，通常可以提供
足夠的支持力，避免植栽傾倒。

　　沒上釉的瓦盆可以吸收介質中的水分，由盆壁蒸散，適合用來種
植根部怕濕的植物，如氣生蘭、多肉植物等，使用前務必先泡水，讓
盆器潮濕，以免乾燥的盆器吸乾剛換盆的介質水分。

🌱 瓦盆重量足夠、價錢
　 適中，能提供足夠的
　 支撐力。

3. 藝術盆器，美觀裝飾用途

　　紅泥盆、鐵砂盆等盆器的特性和瓦盆相似，不過價格貴上很多，尤其是畫鳥雕花的藝術盆器，常被用於盆景界與國蘭界。雖然價格不菲，若能配上合適的植物，就能互相彰顯價值。

　　上釉的陶盆與瓷盆功能上與塑膠盆無異，只是盆底大多只有小小一個排水孔，甚至沒有孔洞，容易造成水分積於盆器內，所以建議以套盆的方式使用。這兩種盆器通常觀賞價值大於實用價值，藉由植物與盆器的搭配，可以營造出不同的視覺風格。

🌱 上釉的陶瓷盆器，建議以套盆方式使用。

花草小教室

　　其實各種鍋碗瓢盆、蛋糕盒、雨鞋、安全帽等，只要可以盛裝介質，拿來種花亦無不可，不過容器底下最好有排水孔，能讓多餘的水排出，避免底部積水。

換盆時，尺寸如何選擇？

循序漸進的換盆，才能讓根系健全發展

換盆時，掌握新盆比舊盆增大 1 ～ 2 寸的原則（生長旺盛的植物不在此限），例如 3 寸盆可換到 4 ～ 5 寸盆，5 寸可換到 6 ～ 7 寸盆徑的盆器。

盆器不是越大越好

為什麼不能將 3 寸盆的植物一口氣換到 1 尺或更大盆徑的容器呢？直接換到大盆器不是比較省事嗎？並非盆器越大對植物越好，反而會有以下的問題：

1. 根系無法密集生長

在盆器裡，盆底與盆壁是空氣與水分分布最多的地方，根系會朝向這兩個地方發展，當我們將盆器取下時，可以發現根系會沿著盆底與內壁密集交錯。如果換到過大的盆器時，根系直衝盆底與盆壁的情況下，容易造成根系細長但稀疏，植物生長就難以旺盛。循序漸進的換盆，才能讓根系漸進式的發展，維持多又密的狀態。

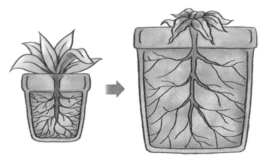

🌿 太大的盆器，會讓根系變得細長稀疏。

2. 不易控制澆水量

　　過大的盆器，澆水的水量不容易拿捏，可能會因為過多給水分導致植物死亡，因此循序漸進的換盆才是適當的方式。

🌿 盆器太大，容易給水過多或太少。

花草小教室

　　種植於室內的植栽，通常會在盆器底下墊一個水盤，用來盛接澆水後的多餘水分。不過需要特別注意，多餘的水請隨手倒掉，避免讓水盤的水分積累太多。因為水盆的水會阻礙空氣進出，長久下來，根部排泄的廢物與過多的肥料會累積在水盤的積水裡，導致植物根部生病或是導致生長不良。

新買的盆栽，
需要立即換盆嗎？

當植物生長空間不足，就得換盆

當植物越長越大，根也越長越長，原本的盆器可能會侷限植物生長空間，這時就要準備幫植物進行搬家工程，換到大一點的盆器，植物才能繼續茁壯成長。

五種狀況，就要考慮換盆

何時需要換盆，需視植物的生長狀況而定，如果有下列幾種狀況，就表示必需立即進行換盆工作。

1. 澆水過後，植栽仍然缺水

為什麼剛澆過水的盆栽，仍然出現缺水的狀況？問題可能在於植株發展過於旺盛，造成葉片水分蒸散量太大，當盆子太小、介質少，加上介質保水力不足時，就很容易出現澆水後不到半天，植物又出現缺水的狀態，這種情況在烈日高溫與風大的季節裡最為常見。可以藉由修剪過密葉片、更換介質與移植到較大的盆器來改善。

容
器

🌱 澆水後葉片仍呈現乾枯狀，可評估是否需要換盆。

2. 盆栽容易傾倒

當盆栽出現「頭重腳輕」，大風一吹就容易東倒西歪時，為了植物的生長與安全性（避免盆器傾倒掉落造成意外），建議移植到較大、較穩重的盆器。

3. 根系外露

當介質表面或盆底可以看到根系露出時，表示盆器內的空間已經容納不下根系的生長，需要幫它們換到更大的空間，才能得到更好的生長。

🌱 根系鑽出盆外，代表需要換盆。

4. 生長緩慢甚至停滯

當你給予植栽合宜的成長環境、妥善的管理維護，但是仍有成長上的障礙，這時可以檢查是否因為盆器太小，導致根系糾結，或是介質劣化讓根系生長不良，試著換盆並更換介質來改善。

5. 幼苗盆栽

有時從花市購買 1 寸菜苗類的穴盤苗，或是 3 寸草花類的黑軟盆苗，買回家就需要立即進行換盆，後續才能順利成長。

花草小教室

從花市買回來的盆栽，想要換到漂亮的容器裡可以嗎？大部分從花市買回來的盆栽發展都已健全，是可以直接進行換盆的。

不過如果像是盛開的麗格秋海棠，建議等到花謝後再進行，因為花草盛開時是最需要水分的階段，這時進行換盆，會讓根系曝露在空氣中，鬚根接觸空氣容易壞死，造成正在開花需要根部大量用水的植株，有花朵容易凋謝的情況。如果覺得原本的盆器不美觀，可以先以「套盆」的方式裝進盆器裡，而不要進行「換盆」。

容器

換盆的六大技巧

在對的時間換盆，才能讓植物長得更好

換盆是有時間性的，除了幼苗之外的盆栽，換盆要依照植物生長季節與溫度等氣候條件來決定換盆時機，不能隨意說換就換喔！

六大重點，換盆不失敗

當家中盆栽需要換盆時，請牢記以下換盆的六大重點：

1. 準備合適的材料

幫植物搬新家，請先準備好新家所需要的盆器、介質、肥料等資材，以免操作一半時缺東缺西，致使換盆無法順利完成。

2. 換盆前不要澆水

如果決定明天進行換盆，今天就暫停澆水。因為澆了水的盆栽土壤較潮濕、重量較重，會增加操作的困難度。

3. 適度修剪葉片

植物根部是「吸水」的器官，葉子是「用水」的器官，如果吸水

與用水量差距過大時，就會造成失衡現象。在換盆的過程中難免會傷害到植物的根部，適度的修剪葉片，可以讓兩者維持平衡，降低失調的可能。

4. 去掉 1/3 舊土

把植株從舊盆中取出換盆時，通常會伴隨著舊土，可以稍微拍掉一些舊土，若是土的狀況不良、硬化而沒有養分，導致植物的根部糾結，則可以剪除外側根團，但不要去除太多，大約三分之一就好。

🌱 適度修剪葉片。

5. 換盆後澆水

大多植物在換盆後，需要充分澆水，避免缺水。不過如果是多肉植物、仙人掌、肉質根的蘭花，這類的植物怕潮濕，傷口癒合前澆水容易讓病害入侵，需等一週後，讓傷口乾燥癒合後再澆水，避免影響植物生長。

🌱 剪除外側根團。

6. 注意換盆的時間

大多數植物換盆的最好時機是在春、秋兩季；夏季以陰天、雨天和夜晚最為適合。不過如果是像是楓樹的落葉樹種，在冬季休眠期換盆，對植物傷害最小；熱帶的觀葉植物及蘭花，因為適合生長在夏季，所以天暖進行換盆恢復生長才快；常綠植物，可視生長的特性，在涼爽的時節進行換盆，像是桂花在三月換盆會比七月佳。

幼苗換盆的技巧

幫 3 寸草花類換盆，讓生長順利

從花市買回來的 3 寸草花類的黑軟盆苗，最好立即進行換盆，植栽後續才能順利成長。

幼苗換盆 STEP BY STEP

1. 準備材料與工具

準備比舊盆大 1 ～ 2 寸的盆器、合適的介質、肥料和紗網、鏟子等工具。

2. 盆底墊上紗網

先將紗網墊在盆底，可避免介質流失，並防止害蟲從盆底入侵。

3. 加入一半的介質

　　用鏟子將介質加入盆器中，記得先加一半就好。

4. 加入肥料混合

　　將肥料加入介質裡，並均勻混合。

5. 測試高度

　　將盆栽試放入新盆器中，看看高度是否適宜，再進行調整。

6. 觀察根系

　　將植株從軟黑盆取出，觀察根系，如果根系白淨表示生長良好，直接種植即可；如果發黑，可以修剪敗根以促進新生。

容器

7. 種入新盆

將植株放入新盆器中，填滿介質。

8. 澆水

充分澆水，換盆即完成。

小盆換大盆的技巧

讓植栽得到更好的發展空間

當植物漸漸長大，原本的盆器大小已經不敷使用，就必須進行換盆作業，避免過於擁擠，影響發展。以下為粗勒草的換盆示範。

小盆換大盆 STEP BY STEP

1. 準備材料與工具

準備比舊盆大 1 ～ 2 寸的盆器、合適的介質、肥料和紗網、鏟子等工具。

2. 盆底墊紗網

將紗網墊在盆底，可避免介質流失，還能避免害蟲入侵。

容
器

3. 加入介質與肥料

將一半的介質加入盆器，再將肥料倒入介質中混拌均勻。

4. 測試高度

將植株連盆放入新盆中，試試看深度是否合適，如果舊盆的介質表面與新盆的標準線一樣高，就代表高度沒問題。

5. 取出植株

將植株小心取出，注意介質盡量不要散掉。

6. 修剪根系與葉片

修剪根系並去掉約三分之一的舊土，也可以修剪掉一點枝條、葉片，避免換盆後水分蒸散太快，對植物造成傷害。

7. 放入新盆

將植株放入新盆器中，並將盆口邊緣縫隙填入新介質，用手稍微按壓介質表面，確認介質填滿。

8. 澆水

換好新盆的植栽，要充分澆水，補充水分。

容
器

大型盆栽的換土方式

利用局部換土，改善盆栽環境

　　種植在大型盆器或花臺中的植物，因為盆器較大、更換盆器不便，這時可以採取局部換土的方式，就可以讓植物生長得更好。

局部換土 STEP BY STE

1. 用鏟子挖洞

　　用尖細的工具，例如螺絲起子或細窄的鏟子，在盆栽上挖數個洞，以利鏟鬆土壤，再將土壤鏟出。

2. 加入肥料混合

　　將鏟出來的土壤拌進適量的有機肥料或培養土混合均勻。

3. 將土放回原盆

　　將拌好肥料的土壤放回原來的盆器，就可以讓原本過於緊實的土壤變鬆，幫助植物生長更好。

盆器周圍白白的東西是什麼？

長期種植，會導致盆器出現無機鹽累積

有些盆栽種植久了，盆壁周圍會出現白白的物體，這些東西是從何而來的呢？盆壁變白有可能是肥料、介質和水中的無機鹽，長期累積釋放後，於盆壁形成白白的結晶。

無機鹽產生的原因

1. 使用硬水或地下水

使用硬水（南部水質為硬水）、井水或是地下水灌溉植物時，因為這些水質中含有較多礦物質和化學物質，長期累積下來就容易形成無機鹽類的結晶。

2. 長期使用化學肥料

長期使用或過量使用化學肥料時，日積月累下會造成土壤酸化，化學成分累積在土壤裡會形成結晶鹽，造成土裡和盆壁周圍出現白白的無機鹽類。

3. 使用瓦盆或壤土栽種

　　因為瓦盆容易吸水，當水分蒸發後水裡的物質就會殘留在盆器上，所以特別容易形成這種現象；使用壤土當作介質，因為物理結構的關係，也比用其它介質栽培，更容易發生盆器出現無機鹽的現象。

🌱 花盆邊緣或是盆子底下出現白白的一層附著物，就是結晶鹽，累積到某種程度時，植物就會受傷。

花草小教室

　　初期出現無機鹽對植物不會有妨害，如果覺得不甚美觀，可以將它刮除。在盆壁發現無機鹽時，就代表介質裡的含量過高、濃度太濃，需要立即處理，否則會導致根部受傷，請立刻更換介質，將無機質排除之後，才能讓植株正常生長。

組合盆栽的搭配技巧

選擇同質性的植物，是組合盆栽的成功要件

將許多不同的植物種植在同一個盆器裡，我們稱之為「組合盆栽」。組合盆栽可以欣賞到植物的不同造型、質感，呈現豐富多層次的視覺效果，是很熱門的種植方式。

組合盆栽的栽種三要訣

1. 選擇同質性植物

製作組合盆栽時必須選擇生長習性相似的植物，日後才易於照顧養護。假設組合盆栽中的植物，對於光線或水分的需求不一，就難以給予妥善照顧，導致養護上出現問題。

🌱 多肉植物生長習性相近，很適合做成組合盆栽。

容器

079

2. 依擺放地點選擇植物

如果你的組合盆栽預計擺放在日照充足門窗邊，就可以選擇草花類植物組合；若是要擺放在室內客廳，就選擇不同種類的觀葉植物。

3. 依植物不同特色搭配組合

植物有高有低，葉片、花朵的顏色都不相同，因此在組合盆栽時，可以選擇不同高度、葉子有明顯差異的植物來組合，製造出豐富的視覺效果。在製作組合盆栽時有一個小訣竅，就是將靠近盆栽邊緣的植物以斜斜的角度種入，觀賞起來更賞心悅目喔！

🌿 同樣季節開的草花，可以組合在一起，放在日照充足的地方。

🌿 水生植物組合盆栽，可以依照植物高低不同，增添趣味。

花草小教室

製作組合盆栽時，盆與盆之間的土團不能有縫隙，因為有縫隙產生時，靠近縫隙的根會因為吸不到水而乾掉。因此在組合盆栽完成後，盆與盆中間要再用手指戳一戳，減少縫隙後再繼續補充介質，務必確認介質填到完全沒有縫隙，才能確保根部都能充分吸收水分。

植物種在哪裡比較好？

掌握「適得其所」的概念，幫植物找到適合的種植地點

不管種植什麼植物，首先要了解它們的特性及需求，再擺放在合適的地方，即能健康成長。如果將全日照植物種在室內陰暗的地方，當然會長不好。

依據地點，選擇適合的植物，才能長得好

建議不要以「植物應該種在哪裡」的面向來思考，而是以「我想在哪裡種植物」先設定地點後，再選擇植物的種類，即能避免將植物種在錯誤的環境裡。

1. 營業場所、辦公室

在長時間有人工光源與空調系統的環境下，容易乾燥，可選擇對濕度較不敏感的植物，例如：大部分的觀葉植物、非洲堇、常春藤都很適合。

2. 浴室

浴室環境較為潮濕，除非有對外窗，通風、有自然採光，否則不

建議種植植物。若是有自然採光，可以種植觀葉植物，潮濕環境也有利於植物生長。不過需要注意避免被熱水噴濺，或是被吹風機的熱風吹拂。

3. 一般居家室內

一般室內沒開空調時，環境通常易悶熱且陰暗，適合放置耐陰的觀葉植物或花卉。像是千年木、觀音蓮、粗肋草、椒草、網紋草、山蘇等。

如果想種植會開花的植物，可選擇耐陰的苦苣苔科植物，像是非洲菫。或是種在室內窗邊的開花植物，像是天南星科的火鶴花、白鶴芋，也是不錯的選擇。

4. 頂樓

都市中的住宅區大多狹小且空間有限，若有屬於自己的頂樓可以種植花草，不妨規劃成空中花園，賞心悅目更能淨化居住環境！但在屋頂種植時，需要留意：

- **防水功能好**：要確認屋頂的防水設施，以免底下的屋子漏水。
- **屋頂載重**：選擇輕量的介質與低矮的植物，以減輕重量。
- **注意風力**：樓層愈高的樓頂風力愈強，需避免種植高大植物，以免植物被吹倒發生危險受傷。
- **排水孔暢通**：確保屋頂排水通暢，避免下雨時，落葉、落花阻塞排水口，造成排水不良。

5. 陽台

通風良好、大多是斜射光的陽台，是一般都市公寓大樓環境最好

的種花場所。在陽台種植植物首先要了解陽台的方位，因坐向不同，光線來源、日照數、風勢大小也會有所不同。了解光線的強度再選擇合適的植物，是在陽台種植成功的不二法門！

陽台方位	環境條件	適合植物
東向陽台	陽光較溫和，只有上半天會接受到日照。	適合種植不宜曝曬的植物，像是文心蘭、蝴蝶蘭、秋海棠等。
西向陽台	下午有強烈陽光西曬。	建議選擇耐熱、耐乾的植物。例如多肉植物、蔓藤植物、枝條較粗壯的木本植物，仙丹花、麒麟花等。
南向陽台	光線最好，有充足的日照。	大部分的觀花植物皆可種植，像是扶桑、玫瑰、矮牽牛等。
北向陽台	陽光最弱，不會有直射光線。	適合種植半日照的觀葉植物，像是木本植物的茶花、梔子花等，或是各種觀賞植物、觀賞鳳梨。

　　台灣冬季東北季風強，陽台的方位如果風很強，適合選擇粗枝、硬葉，以及葉子較小，相對低矮的植物；粗枝的植物保水佳，葉小且硬則不易被吹乾吹破，不要選擇太過嬌嫩的植物（像是非洲鳳仙花），因為非常容易被風吹壞。

🌱 陽台方位會影響光照，適合種植的植物也大不相同。

辦公室的植物容易長得凌亂，為什麼？

室內光照長期不足，是植物生長凌亂的主因

由於室內人工光源不穩定，因此植物生長很容易出現「徒長」現象，造成植物姿態凌亂。

如何避免植物徒長？

植物長出葉子的地方稱作「節」，葉子與葉子之間稱為「節間」，如果光線不充足，植物節間的距離會不正常的變長、變遠。葉子與葉子間隔太遠，葉子也變得薄嫩，植株就會歪歪倒倒，長得十分凌亂，這種現象叫做「徒長」。最好將植物移至靠窗位置，或是置於電燈的正下方，讓光線來源充足穩定，就能避免徒長現象。

🌱 放在室內的仙人掌，徒長使莖部形狀抽長，破壞美觀。

🌱 光線不足會造成植物徒長。

可以將室內盆栽移至室外栽種嗎？

　　要將室內盆栽移到戶外，或是想將戶外的盆栽移到是室內，首先要考量的是植物對於環境的適應性。例如馬拉巴栗原本就是生長於陽光下的植物，但是經過「馴化」（註），可以讓植株適應光線較弱的室內環境。如果要將已經適應室內環境的馬拉巴栗一下子移到戶外，不免會產生曬傷的狀況，因此也要經過「馴化」才行。

註：「植物馴化」，簡單來說就是讓植物慢慢地去適應不同的環境。為了避免轉換環境造成植物的不適應，透過緩衝的過程，慢慢的改變環境，讓植物適應。舉例來說，把適應強光線的室外植物先放到稍微有遮蔭的地方，讓它慢慢適應較陰暗的環境後，再移到室內。

花草小教室

　　很多人在新居落成或商家開幕時，會送盆栽當作賀禮。盆栽的好處很多，除了能增添環境綠意，國內外有越來越多的研究發現，許多植物都能有效吸收室內的有毒物質，是淨化空氣的好幫手！

　　不過有些人會有疑問，植物在晚上行呼吸作用時會與人類競爭氧氣，甚至認為在就寢時需要把植物移走？其實這樣的疑慮是多餘的，如果這項假設成立，那在山村中生活的人豈不都缺氧了？

　　室內擺放植物的優點非常多，當空氣進入植物體內時，植物根部的共生菌可以分解裝潢材料或是家具散發出來的有毒化合物分子，進而達到淨化空氣的效果，所以一天之中，待越久的環境越需要擺放植物。研究還發現，不同植物可以去除的有毒物質也不相同，像是波士頓腎蕨、羅比親王海棗，對於去除甲醛有很好的效果；觀音棕竹、麥門冬，去除氨有很好的效果；其他像是常春藤、白鶴芋、福祿桐等等，也都是淨化空氣很好的植物。

環境

什麼是介質？
常見的介質有哪些？

可以拿來栽培植物的物質，就是栽培介質

簡單來說，任何可以拿來栽培植物的材料，就是栽培介質。大自然中自然生存的土壤，或是人工調配的培養土，和非土壤類有機的泥炭土、水苔、蛇木屑，或是無機的蛭石、發泡煉石、珍珠石都可當作栽培植物的介質。

常見的四種植物介質

使用哪一種介質比較好？其實並沒有標準答案，只要依照栽培環境和個人的習慣，讓植物可以生長存活即可。雖然每種植物喜歡的土質不同（像是仙人掌喜歡排水良好的疏鬆砂土，彩葉芋、鳶尾花喜歡黏性高一點的壤土），不過大多數的植物都喜歡保水、保肥、透氣佳、排水好的栽培介質。

1. 土壤類

一般說的壤土，即為真正的土，顆粒細，保水性、保肥性佳，因為具有相當的重量，可以支撐高大的植物不易倒伏；不過也因為過於

保水，相對的排水性及透氣性較差，而且重量重，搬運時會造成負擔。

市面上有販賣一種改良原本壤土缺點的顆粒土，大大小小的團粒結構讓介質間具有空隙，提升排水透氣性，但是價格較為昂貴，大家可以依個人情形評估使用。

🌱 大自然的壤土保水性佳，但透氣性較差。

2. 無土介質類

除了土壤類的介質，用其他非土壤類物質的特性，經過加工改造，也能成為植物常常使用的介質，常見的有：泥炭土、椰纖、木屑三種，這種物質的共同特色就是質地疏鬆、重量輕、排水透氣佳，且都是有機質。不過這三種介質較少單獨使用，通常會經過調配，即為一般市售的培養土。

🌱 泥炭土的質輕且疏鬆。

1. **泥炭土**：沼澤地區生長的苔蘚，枯掉之後沉於水裡經過長年累月所累積的纖維。質地很輕、疏鬆，養分不多，是屬於分解發酵完成的物質。

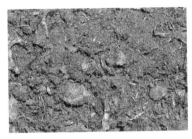

🌱 椰纖是由椰殼加工製成的。

2. **椰纖**：將椰殼磨粉加工製成。質地輕、疏鬆。

3. **發酵後的木屑**：簡單來說，就是種植香菇的太空包再發酵後的產品，有可能因為發酵不完全，會散發氣味引來小果蠅，使用時需特別注意。

🌱 使用發酵木屑容易引來果蠅。

3. 氣生植物介質類

　　氣生植物是利用根部附著在樹幹、岩石上所生長的植物。它們的根部曝露在空氣當中，可以利用介質協助它們穩固，選擇的介質必需排水、透氣性佳，才能讓根系健康生長。

1. **蛇木屑**：蛇木氣生根做成的，通氣性十分良好，依粗細不同各有用途，但因為自然保育的關係，台灣已無生產，多由國外進口。

2. **椰子塊**：形狀通常是小長方形或是碎片，優點是保水性佳、不易腐爛。

3. **樹皮**：樹皮質地強韌，吸水和保水性尚可，使用時間久。

4. **水苔**：苔蘚類植物乾燥後而成，吸水性和保水性佳。

🌱 蛇木屑常用於蘭花的培育。

🌱 椰子殼塊的價格便宜、保水性好。

🌱 利用松樹皮較不易分解，使用期限較長。

🌱 水苔依長短區分品質。

4. 其他類

1. **各種色砂、小石子類：**裝飾性作用，放在透明的容器裡有美觀的效果。

2. **蛭石、珍珠石：**常常用來補強無土介質的缺點，因為無土介質的排水、透氣性佳，加入珍珠石或蛭石，可以增加其保肥力。

3. **發泡煉石：**無菌、無臭的發泡煉石，適合用在水耕栽培。

🌱 蛭石很容易崩解，不要和土壤混合使用。

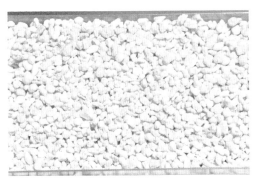

🌱 珍珠石非常輕，不可以重壓。

🌱 發泡煉石有多種顆粒大小可以選擇。

介
質

我的植栽適合選用什麼介質？

根據三大重點，挑選適合的介質

種植花草都需要使用栽培介質輔助生長，介質種類相當多，可試著根據植物特性調配介質比例。

1. 根據植物的特性

先了解植物喜歡乾燥或是潮濕，再來選擇適合的介質。像是氣生蘭花的根部需要流通的空氣才能好好呼吸，因此選用通氣性良好、排水功能佳的蛇木屑。喬木或灌木的植物，需要有足夠支撐能力的介質，例如壤土。多肉植物喜歡乾燥，選擇排水效果良好的培養土，作為其介質。

2. 根據環境的差異

栽培的環境不同，選擇的植物介質也會不同。

- **室內環境：**選擇人工調配、不含肥料的培養土。因為室內的環境較沒有強光、沒有強風，所以多傾向種植不大的植物，且室內要求乾淨，可以選擇不用木屑發酵後製成且不含肥料的培養土。因為有機成分的培養土加入水後，經由發酵容易吸引蕈蚋等小蟲，造成困擾。

- **室外環境：**選擇真正的土壤。室外環境多有強光、強風，且種植的植物容易長得較高大，因此需要的是能保持水分與有足夠重量能支撐植物的介質，壤土就是非常適合選用的介質。
- **屋頂種植：**選擇含水性較強的介質。屋頂會直接照射到陽光，介質乾得快，選擇含水性較強的介質，保持植物的水分，且要選擇重量較重的介質，以免被強風吹倒。也可以使用壤土混合培養土。

3. 根據澆水的頻率

　　栽培植物的時間會影響所選用的植物介質。栽培植物的時間如果充足，有常澆水的習慣，就可以選用排水性良好的介質；比較沒有時間照顧植物的人，就選擇保水性好的介質。

花草
小教室

多肉植物的介質配方

　　多肉植物介質著重排水透氣，因此以粗顆粒材料為主，可以觀察栽培多肉植物的根部粗細來選擇。如果是根較細的景天科、仙人掌科多肉植物，可以以泥炭土為主材料的培養土混合粗砂、細珍珠石、細蛭石等材料。根系粗的多肉植物例如龍舌蘭屬、阿福花科，可以使用以赤玉土為主，混合浮石、陶土石礫、發泡煉石、粗珍珠石等材料。

木本植物配方

　　因為要支持植物的重量，因此以壤土或砂質壤土為主材料，混拌富含有機質的培養土（菇蕈太空包發酵材料或是稻殼、木屑等），以提高有機質含量，促進根部生長。

水生植物

　　以黏土或壤土為主，以符合水生植物天然生長環境。

介
質

介質可以重複使用嗎？

介質經過消毒殺菌，即可重複再利用

有時候不小心種死的盆栽，介質還可以再重複使用嗎？答案是可以的，不過一定要經過消毒，因為介質可能還殘留之前植物的病蟲害，消毒過後再使用，才能確保新植株的健康。

三種常見的介質消毒法

1. 陽光曝曬法

陽光曝曬是最簡易有效的方法。將土壤鋪平約一公分左右的厚度，藉由陽光紫外線及高溫的照射，將土壤中的病菌消滅。大約需曝曬五天，每隔一天翻動土壤一次。

如果遇到陰天、雨天、強風，或是沒有陽光的天氣時，可以將土壤放入黑色塑膠袋中，並加點水稍微潤濕，將袋子紮起，攤平放置在可以曬得到太陽的地方，

🌱 將土壤放入黑色塑膠袋內，置於陽光下一個月，就能達到消毒殺菌的效果。

大約放置一個月。黑色塑膠袋可以幫助吸熱，長期下來可以達到消毒殺菌的作用。

2. 土壤泡水法

準備一個容器，將土壤集中到一定的量時，將水灌入並淹滿整個土面。因為在泡水的環境下沒有氧氣，而病菌在無氧的環境裡就會自然死亡。需浸泡一個月以上。

3. 熱水殺菌法

大部分的病菌在溫度 50 度左右就會死亡，所以我們可以將滾燙的熱水淋到盆土上，自然可以達到消毒殺菌的效果。

變硬的介質還可以使用嗎？

介質變硬是很多人在栽培植物時會遇到的問題，以下有三個特徵可以觀察介質是否變硬：土壤變成灰色？土壤結塊？澆水時發現介質吸收緩慢，或者是水立刻漏光？如果你的介質有上述其中一項的問題，就必須趕緊解決。

容易變硬的介質通常可以分成培養土、壞土兩種，兩種情形的因應之道也不相同。

1. 培養土

培養土會變硬是因為介質太乾，尤其是以泥炭土當原料的培養土，這種狀況非常多見，土變乾了就會縮起來，最後整個土就變成硬邦邦的樣子。可將培養土泡水或噴濕，等土壤軟掉後才能再吸水。

2. 壞土

用壞土當作介質，種植一段時間後，因為熱脹冷縮的原因，團粒結構會被破壞而變成粉狀，如果再進行澆水，變成粉狀的土就會凝結變硬。可加入大量的有機質，像是培養土或是稻殼、木屑，或者是買粉末狀的有機肥，混合加入原本的介質中。建議是在換盆時可以順便換土，若盆器太大，則採用局部換土的方式。（詳細的換盆和局部換土步驟，可參考 p.68）

花草
小教室

假使不小心將很多植物給種死了，每一盆的盆栽介質都不相同，可以將所有介質混合，一起消毒處理嗎？答案是可以的，因為不同的介質本來就可以混合調配使用，所以以將介質混合在一起消毒殺菌，不僅方便省事，消毒完後也能直接再利用。

培養土長黴菌，怎麼辦？

黴菌雖不會傷害植物，但會嚴重影響觀感

　　當盆栽裡的培養土長出白白的黴菌，很多人都會很擔心，深怕對植物造成傷害。其實黴菌並沒有大家想像中可怕，因為它不會招來病蟲害，只會影響美觀。

為什麼培養土會長出黴菌？

　　培養土長出黴菌的原因，有可能是因為培養土本來就是香菇太空包製成的，或是培養土裡混合很多有機材料，因為發酵不完全，再加上澆水頻繁、施加有機肥、環境濕度、溫度適合等因素，使得黴菌生長，讓盆土看起來白白的，不甚美觀。

　　不過這些黴菌是腐生菌，只會加速有機物的分解，對植物並不會造成直接危害，即使種植的是食用植物，也完全不用擔心，因此即使放任不管也沒有關係，如果真的很在意，建議可以鏟除。保持栽培環境通風也能減少長黴的可能性。

介
質

盆裡出現青苔，需要處理嗎？

　　盆裡出現青苔，可能是栽培方式不當的警訊，代表植物的生長環境濕度很高，有可能是因為介質排水不良或是澆水過於頻繁所造成。如果植物生長狀況正常則不需理會，但若是植物出現生長衰弱的現象，需更換排水良好的介質，或是減少澆水頻率，改善環境通風。

　　如果長出的青苔並不影響植物的生長，我個人認為讓青苔和植物一起共生也是個不錯的選擇。以前還曾經看過國外的電視節目，大費周章的教大家怎麼讓瓦盆長出青苔，日本也有許多專門的書籍教大家如何養青苔，可見綠綠的青苔有它的魅力呢！

🌱 盆中長出青苔，有可能是栽培方式不良的警訊。

光照長度會影響開花？

了解長日照、短日照，給植物最適合的光照週期

　　植物生長過程中，光線照射的太多或太少都會影響生長，所以光照是成長的重要關鍵。除此之外，有些植物是否能開花的關鍵和光照長度大有關係，利用人工調節栽培環境的光暗週期，就可以調整開花的時間。

長日照、短日照，會影響開花情形

　　「光週期」就是光照時間長短的週期，亦即是白天（日照）與晚上（暗期）的長短比例。在台灣，夏季白天比晚上長，冬季晚上比白天長，部分植物受到日照時數長短的刺激，而影響生長發育。除了影響開花之外，其他還有莖的伸長、塊莖（根）形成、芽休眠等等。

光

照

🌿 吊鐘花。

🌿 翠菊。

🌿 黑種草。

依照日照的長短，可大分為以下兩種光照：

・ **長日照**

是指歷經一段日長大於一定長度，夜長短於一定長度時期才能開花的植物。例如：吊鐘花、翠菊、黑種草等。

・ **短日照**

是指歷經一段日長小於一定長度，夜長大於一定長度時期才能開花的植物，例如：螃蟹蘭、聖誕紅、長壽花等。

🌿 長壽花。

🌿 螃蟹蘭。

🌿 聖誕紅。

路燈干擾，可能會讓植物不開花

有些植物需要歷經一段日長小於一定長度，夜長大於一定長度時期，才能開花。這種類型的植物大多分布於低緯度熱帶地區或是溫帶地區，於秋、春季開花的植物，例如聖誕紅、長壽花、螃蟹蘭、菊花等。

常有人問到聖誕紅不開花或是螃蟹蘭比別人晚開花等問題，可能就是干擾它們的「日長反應」。當把這些需要夜長刺激的植物種在陽台，受到入夜的路燈或陽台燈的干擾，讓夜長的刺激被阻礙，致使它們不開花或是比較晚開花，需要幫植物移位置，或晚上利用箱子或黑色塑膠袋蓋住，進行遮光處理。

花草小教室

其實有光週反應的植物只是少數，大多數都屬於日長中性或是對日長不起反應的植物，而主要是因為溫度、水分、養分以及植株、枝條成熟度等因素影響開花。而且隨著品種改良，許多原本對光週期性敏感的植物也變得不敏感了。

光

照

電燈可以取代
陽光照射植物嗎？

電燈光線能滿足觀葉植物的光照需求

　　陽光是有「顏色」的，用三稜鏡反射出來，有紅、橙、黃、綠、藍、靛、紫的色彩。不同的植物或生長階段，對於光線需求也不相同，像是開花植物需要紅光，刺激並累積養分；觀葉植物需要藍光。一般日光燈為藍光，所以在室內種植觀葉植物時，用日光燈照射仍可以維持它們的生長，但是開花植物則是無法。

利用光線控制達到專業培育的效果

　　不過在專業培育上，為了達到更好的經濟效益與控制，會採用特別的室內光線，讓植物接受人工培育。像日本有利用鹵素燈或 LED 燈栽培水稻、蔬菜生長的例子，使用的就是較強且光線特殊的燈光來代替日照，不過一般的植物需要 12 ～ 14 個小時的光照時間，顯然不太環保。

如果鍾愛某一類植物，然而栽培環境無法提供足夠的光照，使用照明設備就是必要的條件了。現在科技發達，許多公司研發植物專用的照明燈具，能夠針對觀葉植物、多肉植物、非洲菫等開花植物使用。要注意燈具散發的溫度，植株頂梢與燈具必須保持適當的距離，避免燙傷。燈具照射時間可以依據植物不同，使用定時設備控制，避免每天長時間的照射。

花草
小教室

從開花狀況，判斷光照強度是否充足

我們可以從植物的開花狀況來觀察植物光照強度是否充足，會發生這樣的情況不一定是在室內，戶外也有可能發生，例如被房屋、陽台、樹蔭遮住陽光，只要改變植物的位置，光照不足的情形就可改善。

1. 植物是否久久不開花

觀察種植的植株，如果種植時間很久卻不開花，可能是光照不足所致。

2. 開花數量是否變少

植株的葉子生長茂密且大、葉色濃綠，但開花數量相對卻很少；或是開花的數量比種植同種植株的開花數量少，也有可能是光照不足所造成。

3. 花朵顏色是否變淡

花朵需要足夠的光線催化，花色才會飽和亮麗，當光線不充足時，花朵的顏色就會比較淡。

光
照

太陽不大，
為什麼植物會曬傷？

突然曝曬，是造成植物曬傷的主要原因

植物的葉片因為強光照射，讓葉綠素與葉肉組織受損的現象稱為「曬傷」，台灣常沿用日文的「日燒け」或「葉燒け」，稱為日燒或葉燒。當陽光照射下的葉片有綠色褪去的「黃化」或「白化」現象，或是葉片局部或全部產生褐化、焦黑乾枯的症狀，而患處沒有菌絲、胞子囊、菌核等菌類危害病癥，皆為曬傷的症狀。

什麼情況下，會造成植物曬傷？

1. 遮蔭處的植物移至烈日下

農民栽培時，為了讓植物長得快或是葉片青綠賣相好，有時候會在遮蔭網下進行遮光栽培。這種環境栽培出來的植物如果突然拿到烈日下，就容易發生曬傷的情形。

像是葉片薄嫩可愛的薜荔，是在充分遮蔭的網室環境所培育出來的，適合放於室內觀賞，如果突然放於光照強的地方種植，葉子就會曬傷乾枯。幸好薜荔生命力強，只要將受傷枝葉剪除，就可以促進長

新枝葉來適應強光環境。類似的情形在馬拉巴栗與鵝掌藤上也常看到。

2. 室內植物突然移到強光下

長期栽培在室內的植物，因為已經適應室內弱光的環境，葉片組織都較柔弱，禁不起劇烈的光線照射，如果突然移到陽光下，即使只是短短幾個小時，就會發生曬傷。

🌱 植物如果突然移到戶外，很容易曬傷。

3. 修剪枝葉後，下方或內側的葉片受到陽光曝曬

庭園內的樹木、綠籬，經過修剪後會讓內側或下方的葉片突然暴露於陽光下，如果是葉子薄的植物種類，很容易發生曬傷。

4. 突然取走植物的遮光物

遮光網被颱風掀掉，或是原本上方有樹蔭，樹枝被修剪或被強風吹斷，讓下方的植物暴露出來，就容易曬傷。像是嘉德麗雅蘭可以忍受陽光直射，但是蘭園為求品相好，都會在夏季時用遮光網遮 40％～60％ 的光，在遮光網下栽培的嘉德麗雅蘭已經習慣了光線被減弱，突然遭遇到烈陽的炎烤，即使葉片厚硬，還是會曬傷。

🌱 雖然嘉德麗雅蘭的葉片厚硬，但遮光栽培後，還是會曬傷。

光
照

如何預防及避免植物曬傷？

幫植物位移、遮光，可避免植物曬傷

植物曬傷後，會在葉片上留下無法復原的斑紋，如果受害嚴重，葉片受損過多，會讓植物生長衰弱，不僅嚴重影響美觀，若不改善環境，長久下來，植物也會逐漸衰弱而死亡。

預防植物曬傷的方法

事實上，任何一個季節都有可能發生曬傷，但仍以陽光強烈的夏季為主。預防曬傷最重要的對策是「移位置」或「遮光」。

1. 可搬動的植物，進行位移

採用盆栽種植的植株，在陽光強烈的季節，將怕曬的植物移到避光的位置，例如牆邊或樹蔭下，讓植株免於受到強烈陽光的侵襲。

2. 不可搬動的植物，進行遮光保護

如果植物不可移動，則可以搭設簡單遮光網或遮光屏，幫助植物遮光，遮光的材料可選用園藝用的黑色遮光網或是竹簾。

搭設黑色遮光網，避免植物曬傷。

　　如果植株已經曬傷了，可以斟酌將受傷的葉片剪掉，以促進植物生長新葉、適應光線。購買植物的時候，也要留意植物原本放置的環境，例如苗圃所賣的馬拉巴栗，就有放在室內與戶外之分，放室內的馬拉巴栗已經習慣弱光，葉片會呈現薄嫩、葉色青綠，所以買回來放於辦公室內無妨。放戶外的馬拉巴栗已經習慣曝曬，葉片呈現厚韌、葉色深綠，所以種在庭院或屋頂較為合適。

光

照

植物對溫度、濕度很敏感？

每種植物，都有適合其生長的溫度與濕度

植物有自己喜好的溫度和濕度，而且也會依照生長的環境演化出不同的形態來適應。溫度和濕度的不同，所呈現的植物種類與面貌也都不同，像是葉子大小、形狀等都會有差別。

隨著溫度變化，選擇植物類型

台灣位於熱帶和亞熱帶地區，冬季並不嚴寒。以氣候學的觀點來看，台灣地區從四月到十月，月平均溫度都在攝氏 22 度以上，屬於典型的常夏型氣候。

所以在台灣平地生長的植物以熱帶植物為主，需要低溫刺激的植物大多種植於山區。例如喜歡冷涼的玫瑰，雖然在台灣能夠四季常綠且開花不斷，但是明顯在高溫期開的花朵小且花瓣少，涼季開的花朵大且花瓣多。而鬱金香、日本品種的櫻花，需要一定的低溫刺激才能打破休眠開花，所以在台灣平地就很難種得漂亮。

利用控制溫度的方式，也能調節開花期。例如一般蝴蝶蘭在 25℃ 以下的溫度開始受到刺激開花，天然開花期大約在 3 ～ 4 月間。花農

在夏季將蝴蝶蘭移到高山地區種植，利用高山的天然低溫刺激來讓蝴蝶蘭於 12 〜 1 月的年節期間開花。

濕度不足，植物葉片容易失去生氣

大多數的植物在潮濕的環境比較容易生長；如果栽培環境空氣濕度不足時，會發現植物的葉子易焦枯捲曲，較無光澤及生氣，開花情形也不佳。在高濕度環境下植物的特徵通常是葉子較大、葉片較薄。

炎熱高溫，
如何幫植物補充水分？

植物夏日失水快速，必需做好保水措施

炎炎夏日的高溫，有些植物會出現不適症狀。高溫加上烈日曝曬，讓植物的水分流失非常快，當植物體內水分不足時，就無法撐起嫩莖、花序、花朵、葉片等較柔軟組織，造成外觀萎軟無生氣（俗稱「失水」）。常常早上才充分澆水，過中午葉子又開始軟垂了，該怎麼辦呢？

利用開源法，幫植物提供充足的水分

1. 充足澆水

澆水要掌握的原則就是要澆到「透」（澆到讓水從盆底的排水洞流出），不過種植在地上的花草，澆多少水就要自己拿捏囉！澆水時可以順便撒點水在葉片上，達到降低葉溫與除去紅蜘蛛、蚜蟲等小害蟲與塵土的功能，但是葉片纖細茂密或是葉面有毛（例如百里香、大岩桐）的植物種類則需避免，以免水分滯留葉片上引發水傷（註）與病害，花朵更是盡量不要灑到水。

註：水傷是指葉片被水浸濕後加上高溫曝曬，造成葉肉組織受損甚至葉片腐爛。

2. 使用保水力強的介質

栽培介質大概分為人工調配培養土與天然的壤土。培養土具有質輕、透氣、排水好的特點。但是排水太好相對會讓介質很快就乾了。

種植在會被整天曝曬的地方，可使用保水力較強的壤土，如此一來，照顧養護會較輕鬆，即使在炎熱夏天裡也不會有非得要每天澆水的壓力。

3. 使用有盛水裝置的盆器

市面上有販售盆器底下附有盛水底座的盆器，這個盛水底座的水與植物的根部是隔開的，並不會有根部浸水壞死的問題。多花點錢使用這種盆器，也可以達到省時、省力的效果。

🌱 有盛水裝置的盆器，方便幫植物補充水分。

4. 改用大一點的盆器

一般買回來的植物，大多是種植在 3 寸盆中的草花苗或迷你盆栽，也有以 5 寸盆種植的盆花或香草植物，5 寸盆在夏季裡，即使早上充足澆過水，到下午就會乾枯，原因就是盆器小，介質太少所致。建議可以換到大一點的盆器內種植。

枝葉繁盛的木本植物建議可使用盆徑一尺以上的盆器種植，盆子寬又深，裝的介質多，水分含量也多，可以充足供應植物需求。以我家屋頂使用 2 尺盆種植怕缺水的蕾絲金露花為例，充足澆過水後，在烈日下仍可供應 2 ～ 3 天所需。如果是剛買回來的 7 寸盆蕾絲金露花，恐怕早上澆過水，下午葉子都會垂頭吧。

溫度

5. 填補介質的縫隙

　　盆栽的介質有時會因為硬化或是過度乾燥產生裂縫，尤其是介質與盆壁的縫隙。有此狀況時，澆的水會直接從裂縫迅速流失，造成介質來不及吸足水分。產生即使澆過水後，植物仍然有缺水的現象。

　　改善方法是用工具戳鬆介質，以消除裂縫。到適合換盆的季節時，再加以改善介質，並可以在容易硬化或已風化的介質中，添加有機質改善。

🌿 乾縮的培養土，與盆子產生縫隙，必需戳鬆介質改善。

花草
小教室

　　很多人會問我幾天澆一次水才足夠？這個問題其實很難回答，因為沒有標準答案，會視每個植物的生長狀況、環境而不同。只要植物缺水了就該澆水，到底幾天澆一次水？不妨就用心觀察，讓你的植物告訴你吧！

如何降低
植物水分流失的速度？

利用節流法，減少植物水分的耗損

要幫助植物抵抗高溫難耐的天氣，除了幫植物「開源」之外，「節流」也是很重要的關鍵。開源就是讓根部有充足的水分可以吸收，並且培育健康的根，以促進水分吸收效率。節流是減少水分蒸散，避免過度流失。

根是最重要的吸水器官，是「供應端」；而葉片因為有蒸散作用，是個耗費水的器官（多肉植物及蘭科植物等除外），是「需求端」。能達到水分供需平衡，就是栽培最基本的原則。

三個小動作，減緩水分流失的速度

1. 修剪過密枝葉

植物長得茂盛，對水的需求量就會增加。如何在美觀與生長之間取得平衡，值得斟酌。

例如種植了一大叢天藍立鶴花，在梅雨季時就會發現枝條長得很快，植株長得茂密，花也開得很漂亮。但在高溫之下，即使用人工充

足澆水，植株也會常常處於無生氣的樣子，花也會開得少。原因就是長得太過茂密，枝葉的水分蒸散量大於根部水分吸收量。這時就應該把比較老、太過纖細的枝條剪掉一些，讓水分不會耗損太多，植株的生長就會恢復正常。但要注意，是剪掉太密的枝葉，並不是隨便將枝條剪短（詳細的修剪方式可以參考 p.148）。

2. 覆蓋介質表面

在介質表面，再蓋上一層保護層，降低水分蒸散的速度。在農業上使用草蓆或黑色、銀色塑膠布，也有使用稻殼、鋸木屑等物品覆蓋，還有讓有機物緩慢分解成為肥料的優點。

居家園藝可以用樹皮、椰纖等材料覆蓋。建議也可用大小植物做相互遮蔭，在較大盆的植栽下，再種植其他低矮的植物，例如大花日日櫻底下種紅毛莧，扶桑花底下種團花蓼，星星茉莉下種小韭蘭，仙丹花下種香妃葉。如此不僅減少介質表面水分蒸散，還可以兼具美觀與豐富視覺的效果。

3. 盆栽移至遮蔭位置

在兩個不同區域種植成片的白鶴芋，位於陽光直射的中庭，葉片垂軟無生氣；較陰涼的小天井區，葉片長得非常蓬勃。所以可以知道，在高溫烈日曝曬下，水分會急遽從葉面與介質表面蒸散，需將盆栽移到遮蔭的位置，水分蒸散速度就會降低，減緩植株萎軟狀況的效果非常顯著。

🌿 盆面覆蓋棕櫚，可以減少水分蒸散。

寒流來襲，
植物需要特別照顧嗎？

簡易防寒措施，幫植物度過嚴冬

所謂的寒流，指的是氣溫低於 10 度以下的天氣，不過台灣氣候偏熱，冬季並不會有像溫寒帶地區有嚴峻冷冽的下雪、下霜情況，不過受到大陸冷氣團的影響，突如其來的溫度驟降，多少會對植物造成傷害。

減少澆水、移動位置，降低災害

1. 熱帶植物的防寒措施

來自熱帶地區的植物，像是大多數的觀葉植物、蘭花與食蟲植物，遇到寒流來襲時，可以把這類植物移往室內，以免植物葉面受凍而變色，或是植物根部受傷，引起病菌入侵。

2. 一般植物的防寒措施

普通怕冷的植物，遇到寒流來襲，不用移往室內，可以選擇控制水分的供給。冬季植物會進入休眠期停止生長，植物的需水量會相對

減少，因此可以減少澆水頻率，水分過多反而會造成凍傷。若是會直接面對東北季風吹襲的植物，盡量移動位置，避免植物受到傷害。

🌿 女王鬱金在冬季葉片乾枯進入休眠。

🌿 玉蝶花凍傷，葉片發黑。

🌿 觀音蓮凍傷，葉片變透明。

日夜溫差大，
對植物反而更好？

溫差愈大，植物生長愈好

日夜溫差越大，對植物的生長越好？沒錯，像是高山上的蔬菜、水果比較好吃，就是因為高山上的溫差比平地大，才會如此。

自製溫差大的環境，讓植物長得更好

鄉間或山區的日夜溫差比市區大，所以種植出的花果比市區來得好。因為日夜溫差大，植物白天行光合作用所產生的碳水化合物，在夜晚低溫時更容易累積，植物在養分充足下，花會開得更漂亮，果子會更甜、更好吃，葉片也會更旺盛茂密。

在居家花園中也可以自己製造溫差大的環境，像是種植越多植物可以讓溫差變大，種植植物的地方，如屋頂，裸露地越少越好，可降低地板或建築物吸收的熱。而有西曬或鋪木地板隔熱，也可以在傍晚時在地面、牆面灑水降溫，在這樣的環境下，對植物的生長也會有所幫助。

日夜溫差大且濕度高時，在葉面上容易形成露水，當露水順勢滴到土裡時，可以給予植物很好的補給。不過都市裡人口密集、建築林立，往往入夜後降溫幅度有限，不易形成露水。

🌱 葉片上的露水，對植物生長有幫助。

Part 3
管理篇

時時關心、仔細觀察生長情形，
掌握澆水、施肥、修剪三大關鍵，
做好日常管理，就能讓植栽健康生長，
打造幸福的花草空間！

如何判斷花草是否缺水？

當葉片、花朵垂萎時，請立即澆水

雖然植物不會說話，但是缺水的植物，會經由各種管道傳遞「缺水」的訊息，只要細心觀察植物所傳達的訊息，就可以適時地替植物補充所需的水分。

四大重點，觀察植物是否缺水

1. 觀察葉片

植物缺水最明顯的特徵就是表現在最嫩的部位，例如嫩枝、花苞、嫩葉等，又以最嫩的葉子最為明顯，當葉子萎軟、無生氣狀，就代表它非常缺水。

2. 觀察土壤表面

葉子硬挺如仙人掌或松柏類針葉樹，看不出葉子是否萎軟，這時可以觀察土壤表面是否乾燥，如果發現表土乾

🌱 當植物缺水，葉片、花朵就會萎軟，呈現沒有生氣的樣子。

燥、顏色變淺，就代表該澆水了。

3. 盆栽重量

重量不是很重的中小型盆栽可以直接拿起來，藉由輕重來判斷是否需要澆水，如果盆栽變得很輕，就代表土裡的水分減少，需要立即澆水。

4. 竹籤檢測

將竹籤或筷子插進土裡，澆水後再拔出來看筷子的濕潤程度，觀察記錄幾天後，就可以知道澆水後幾天會乾，再適時澆水。

一次要澆多少水才足夠？

不管是什麼種類的植物，或是盆栽多大，澆水時只要掌握「充分澆透」的原則就對了！怎麼樣才算「澆透」呢？簡單來說，就是充分澆濕介質並且澆到盆底的排水洞漏出水來，才代表介質吸飽水了。

有些介質因為種植久了會變硬，表土會出現裂縫，甚至介質與盆器之間產生裂縫，讓植物無法吸飽水分，這時必需先改善介質，將其戳鬆或是填上新的介質，避免漏水的情況。

不過，當植物種植在沒有排水洞的盆器裡時，就千萬不能一次「澆透」，因為灌滿水的情況下，會讓植物根部長期缺氧，根容易腐爛。最好先用竹籤或筷子插到介質裡來測試乾燥的程度，澆水的量大約只要盆器高度的 1/3 ～ 1/5 就足夠了，因為介質會有毛細現象，讓水分由下往上輸送，所以不必擔心水量不夠。

🌿 沒有洞的盆器，澆水要謹慎。

　　植物界中，有著厚硬、光滑的葉片、健壯枝幹，且莖幹相對比較粗與發達根部特徵的植物，屬於耐旱性比較強的種類。健壯的莖幹與硬厚的葉子可用來儲存水分，如打蠟般光滑的葉子，則是為了減少水分的蒸發，使植物可以適應乾燥的環境。

🌿 美鐵芋有塊莖，葉子光滑，葉片形狀像錢幣，又稱「金錢樹」。

　　例如蘭花中的石斛蘭與嘉德麗雅蘭；喬木類的欖仁樹、福木；灌木類

🌿 福木的葉子又硬又厚，耐陰性強。

的矮仙丹花、沙漠玫瑰；蔓藤類的蒜香藤、飄香藤；草花類的松葉牡丹、馬齒牡丹；觀葉植物的美鐵芋、馬拉巴栗；以及絕大多數的多肉植物與仙人掌等，都是屬於這類型的植物。

怎麼澆水最好？

避開正午前後澆水，早晨澆水最佳

在錯的時間澆水，反而會讓植物受到傷害。早上澆水還是晚上澆水好？日正當中可以澆水嗎？這些問題想必是很多人會有的疑問。

早晨是澆水最佳時機

在陽光還不大的早晨澆水是最好的時機，等到陽光盡情露臉後，植物正好啟動蒸散作用，將水分從根部吸收向上到達莖、葉每一處。不過若是早上沒有空澆水時，利用傍晚或是晚上澆水也無妨。

種植在室外、陽光照得到的植物，最忌諱在日正當中時澆水，因為正午的葉片表面溫度將近 40 度，土也是溫熱狀況，這時澆下的水溫比土溫還低，會讓對溫度敏感的根部受到刺激而受傷，甚至失去吸水的功能。

若水殘留在葉子和花上面，經過陽光直接照射，也可能使該部位受傷，因此避免中午澆水是必須遵守的原則。

不同植物，給予不同的澆水方式

1. 灌澆式澆水

避開葉子，不會將花、葉淋濕，直接澆在介質上，要注意水壓不要太強，以免沖散介質，適合怕濕的植株及室內植物使用。

🌿 細嘴澆水壺可以避開花、葉，直接澆在介質上。

2. 淋浴式澆水

淋浴式澆水適合大部分的室外植物，可以去除灰塵跟小蟲，對植株的健康有幫助，視覺上也比較乾淨、漂亮。要注意不要澆淋到花朵，有絨毛的葉片或構造特殊易積水的葉片，也要避免這種澆水方式。

🌿 淋浴式澆水可去除灰塵與小蟲。

3. 噴霧式澆水

有些植物喜歡高濕度的環境，在葉面上噴水可以促進生長，尤其是嫩芽。生長在雨林的植物，像是蘭花跟一些葉片薄的觀賞鳳梨，都很適合噴霧式澆水。

4. 浸泡式澆水

不慎讓介質太乾燥而無法吸水時，可以先將盆子浸水，浸水的水位高度約盆器高度的 1/2 ～ 1/3，等介質吸足水後就可以取出來。

太頻繁澆水，為什麼植物反而會長不好？植物的根部除了吸收水分、養分之外，還有呼吸的功能。如果介質一直保持潮濕狀態，根部就容易缺氧，進而導致腐爛，容易被病蟲害侵襲。所以要讓植物根部可以呼吸，就要讓介質有乾燥的時候，這樣土裡才有空氣讓根部進行呼吸。所以對植物生長來説，「乾→濕→乾→濕」的循環狀態非常重要，千萬不能維持同一種狀態太久。

水
分

為什麼澆水後植物還是乾乾的？

「事出必有因」，找出缺水的問題並改善吧！

如果植物澆水都有澆透，卻還是乾乾的樣子，那就要思考是不是其他相關環節出了問題，找出根本的原因，才能徹底改善。

快速檢測：找出植物缺水的原因

1. 盆器是否太小

盆器太小，相對的介質也較少，當植物生長越茁壯，會出現介質已經不夠供應植物養分、水分的情形，這時必要換盆（請見 p.68 有詳細的介紹）。

2. 介質的保水性不足

有些市售盆栽使用的介質為培養土，保水性較差，可在換盆時加入保水性較好的壤土。

3. 植物長得過於旺盛

植物長得太旺盛，葉子越多，就需要越多水分。過於旺盛的植物，會導致澆了水還是很容易乾，需要進行適度的修剪。

4. 擺放位置陽光、風太強

風與陽光會帶走大量水分，可考慮移到較陰涼的位置，或是用其他大型植物做遮蔽。

5. 澆水量不足

蘭花、多肉植物不愛水？所以要少澆水？其實這是錯誤觀念，千萬不要只給它們幾滴的水量，比較耐旱的植物澆水時間的間隔較長，但是每次澆水時，仍要一次澆透，才能給予充分的水量。

花草小教室

有些人可能會有 3、5 天不在家的情形，這時沒有辦法替植物澆水怎麼辦呢？建議大家出遠門前先幫植物做好以下的保護措施，降低缺水的情形：

1. 將盆栽集中，讓大盆栽和小盆栽可以互相遮蔽，型成濕度較高的微氣候。
2. 出門前將每個盆栽都充分澆好水。
3. 將陽台的盆栽移到陽光無法直射的地方。
4. 將盆栽蓋上塑膠袋，減少水分蒸發。
5. 臉盆裡裝一些水，將盆栽擺進臉盆裡，讓盆栽底部保持濕潤，避免缺水。

水分

植物一定都需要施肥嗎？

施肥，不是必要條件

我上課的時候，最常被學生問到：「老師，我家的某某花要加什麼肥料才會開花？」或是大家看到我種的花開得好，就會追著我問：「老師，你家的花都施什麼肥、多久施一次，才會開得又多又漂亮？」通常我的答案都會令大家失望，因為我告訴大家：「施肥不是必要的條件！」

先考慮生長環境，再考慮施肥

大部分的人，都把「施肥」這件事看得太重要，而忽略了其他事項。植物的生長狀況不佳時，首先要先觀察擺放的位置對不對、光照夠不夠、有沒有適度澆水，當植物所需基本的陽光、空氣、水都沒問題時，再考慮施肥，讓它們有更好的表現！植物不開花的原因很多，「施肥」應該是最後一個考慮的步驟才對。

所以施肥對於植物而言，並不是絕對必要，有施肥能讓它們長得更好，但如果給予很好的基本照顧，即使沒有施肥也能有不錯的生長表現。所以千萬不要覺得你的植物好像快枯萎了，以為趕緊加肥料就能讓它起死回生，或是加了肥料「一定」會開花，這都是錯誤的

觀念。

當你給植物很理想的環境與生長要素時，它還是長不好、不開花，我們再給予適合的肥料，才能「投其所需」，這時施肥才是會有顯著效果的！

如何判斷植物是否需要肥料

什麼植物一定要施肥？什麼植物不施肥也沒關係？我們可以從植物原本的生長環境窺之一二。

像很多蘭花，原本是長在原林樹上、森林樹幹上，靠的是葉片製造的養分；而杜鵑花、桃金孃原本的成長環境就在山坡地上，它們已經習慣貧瘠的環境，即使不施肥，花一樣也可以開得很好，所以肥料對它們而言並不是必需品，當然，有施肥可以長得更好，沒有施肥也可以好好成長！

也有植物對於肥料的需求比較高，例如扶桑、茉莉、玫瑰，如果肥料不足會讓花開得少，即使開花，花朵也會偏小。

🌿 扶桑花需要施肥，花才會開得漂亮。　🌿 杜鵑花不施肥，也可以開花。

已經施肥了，
為什麼還不開花？

施肥前，先了解是「不斷開花」，還是「週期性開花」？

施肥前，先了解你的花是什麼屬性，是一直開不停？還是很久開一次開花？這是非常重要的！

不斷開花植物，定期施肥常保開花

像是四季秋海棠、非洲鳳仙花、矮牽牛這種會一直開個不停的植物，只要持續不斷施肥，就能維持開花繁盛的樣子。我曾經試驗過，將開滿花的矮牽牛盆栽買回家後，在完全不追加施肥的情況下，大約一個月後就不太開花了，雖然植株本身還好好的，但花開零星，不過只要一施肥，就會開始花開茂密。

週期性開花植物，施肥時間很重要

另一種週期性開花的植物，比如像是一年開一次花的茶花、杜鵑；或是二、三個月到半年開一次的樹蘭，這類型的植物就需要稍微做一下功課，在對的時間施肥才會有效。這類植物通常需要一段時間

🌱 矮牽牛（左圖）、四季秋海棠（右圖），是常年開花的植物，只要不斷施肥，就可以維持繁花盛開的樣子。

的成長累積養分後才開花，而且花開前有時候需要外在的環境刺激才會「花芽分化」（註）。

　　每種植物從開花到下次花芽分化的時間都不大一樣，有的三、四個月，有的半年以上，大家不妨可以觀察植株的變化，看到新枝停止生長或芽開始膨大有花苞成型了，就趕緊施肥，讓正在醞釀開花的植物，能得到適時的養分。

註：花是從芽演變的，原本要成為莖枝的芽因為受到刺激後，就會慢慢轉變開成花芽，這樣的轉變過程，我們叫做「花芽分化」。而要如何知道自己種植的植物什麼時候、需要什麼刺激才會「花芽分化」，就得要查詢、做點功課才行囉！

🌱 茶花一般來說是一、二月開花，大概九月底、十月初，就已經花芽分化，這時施肥就是剛好供應補充植栽做分化時的養分。

肥料

131

　　以蘭花而言，如果已經開花了，再施肥就沒有效果，反而會因為施肥而讓敏感的花朵掉落。所以像蘭花類的植物，我會建議大家平常養夠強壯，自行製造的養分能充足累積，當它身強體壯、生長條件對時，不用施肥依舊可以照樣開花。

🌱 我家的蘭花仿照原生
環境，綁在樹幹上生
長，相當強壯、持續
開花。

花肥、葉肥，差別在哪裡？

了解植物三要素，「投其所好」不出錯

現在的肥料外包裝都越變越「聰明」，大部分都會以圖片清楚標示，像是開花植物專用的肥料，就會畫上花朵；觀葉植物專用就會畫上葉片，讓買錯肥料的機率大大降低。不過這些肥料的成分有什麼不同呢？下面帶大家了解「植物三要素」！

氮、磷、鉀，植物三要素

因為長期栽培植物的介質養分會漸漸不足，所以如果植物生長緩慢、停滯，或是開花結果狀況不如預期時，為了達到我們栽培的目的，就需要靠施肥來補充提供植物養分。

植物需要的養分有很多，大家比較熟知的就是氮、磷、鉀，又稱為「植物三要素」。這三種要素，剛好對於葉子、花、莖與果實的生長發展有所幫助。所以施肥前，要先知道「目的」，是想加強植物開花、還是讓葉子長得更好等需求，才能提供植物正確的營養素。

肥料

各種配方不同的肥料，必須依照植物所需來選擇。

植物三要素

	作用	施用時機	適用植物
氮 N（葉肥）	促進葉子和幼苗快速生長，讓植物長高長大、枝繁葉茂、植株強健。	植株發育不良，生長緩慢或停滯、枝莖弱小、新葉日漸變小、容易枯黃掉葉。	觀葉植物、葉菜類植物，以及植物苗株。
磷 P（花肥）	針對細胞分化，提高花芽分化及花朵發育，有助於開花結果。	不開花或開花變少。幫助植物結果、提高果實甜度。	開花植物、果樹。
鉀 K（根莖肥）	構成植物細胞壁的元素，細胞壁堅固，植物自然就強壯，所以鉀是針對植物的強壯跟根莖的發育，以及結果有很大的幫助。	通常室內植物光不夠，會讓植物軟趴趴，施加鉀肥，可以幫助根莖組織強壯。	多肉植物、仙人掌、蘭花、玉米等植物。或是室內植物保養用。

肥料怎麼買、怎麼選，不出錯？

一般肥料外包裝都會清楚標示成分
與使用方法，購買前先進行以下確認，
買對肥料，才能給與植物最佳的養分。

1. 判別氮、磷、鉀的含量

通常肥料上有三個數字，依序是氮、
磷、鉀的比例，有些肥料外包裝還很貼
心的直接在磷比例較高的肥料上印上花
朵，代表針對開花專用。

🌱 包裝上 20-20-20 分別
代表氮、磷、鉀的比
例，比例相同，代表是
一般植物通用的肥料。

2. 想要速效還是緩效型肥料？

基本上，顆粒或粗粉狀的肥料為緩效型，大約三個月施加一次，
它的效果較持久，適合平常保養；細粉狀或液體的肥料為速效型，大
多需要加水稀釋後施用，有立竿見影的效果，像是幼苗想要迅速長
大、正在開花的植物想要開得更多更旺，都適合使用速效型肥料，通
常一、二週施加一次。所以看
植物的狀況，選擇想要的效果！

不過磷在太酸或太鹼的介
質中較難被植物吸收，所以長
期開花的植物必需持續施用磷
肥含量較高的液體速效性肥料。

🌱 固體肥料為緩效型的肥料。

3. 選擇化學肥還是有機肥？

　　一般來說，種於室內的植物建議施加化學肥料，可保持室內清潔；種於戶外、食用的植物選擇有機肥料，可以提供多樣的養分並能改善介質，掌握這樣的原則，就能輕鬆選購。

**花草
小教室**

　　市面上有由化學與有機肥料混合的「複合肥料」，因為外觀呈黑色顆粒狀，所以台灣話俗稱「黑粒仔肥」。而這種複合肥料綜合了兩種肥料的優點，不過它還是屬於化學肥料，有機栽培就不能使用喔！

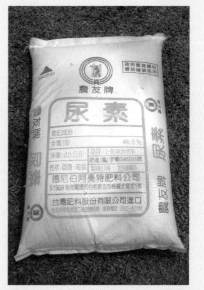

🌱 複合肥料就是俗稱的「黑粒仔肥」。

化學肥料、有機肥料，哪種好？

兩種肥料各有優缺點

　　肥料依照製作成分，可以分成有機肥料、化學肥料兩種。至於哪種好？其實各有優缺點。

化學肥料乾淨無異味、效果直接

　　化學肥料是以化學原料或礦物學原料調配製成，例如硝酸鉀、硫酸銨等化合物，所以稱之化學肥料。

　　化學肥料的優點是乾淨、無異味，還可以用「精純」來形容，因為它可以精準的調出不同植物的需求，像是高麗菜專用、非洲堇專用、玫瑰花專用等等，能讓農民根據自己所種植的農作物，給予效果直接的肥料，也可以說是「因材施教」的肥料。我們一般在花市看到的開花專用、觀葉專用，也都是調配好的化學肥料。

化學肥料使用過量容易造成土壤劣化

　　化學肥料的缺點則是「長期使用」或「過量使用」時，日積月累下會造成土壤酸化，化學成分在土壤裡會殘留礦物鹽。

肥
料

化學肥料不是不好的東西，只要適當的使用，其實是有幫助的，不過過量使用，或使用方法不對，讓多餘的肥料殘留在植物體內，或是造成土壤酸化、鹽化，容易讓植物根部受傷。這就好比是「醃菜原理」，把化學肥料想像成高濃度的鹽水，當植物根部浸泡在裡面時，就會造成脫水，變成「醃菜」。

有機肥料比較不會造成肥傷？

有機肥料就是用動物的殘餘與排泄物；植物的枝葉、樹皮、木屑，以及榨油剩餘的殘渣等材料，經過堆積、發酵、分解之後的產物。

有機肥料有時混合多種材料所製成的，像是甘蔗渣、豆餅，或是動物的骨頭、內臟、碎肉、糞便等，綜合動植物的材料，所以有機肥料裡富含非常豐富的養分。如果說化學肥料是「精準」的，那有機肥料就是「完整」的。

土壤裡有很多有益的生物，協助根部分解吸收，而有機肥料可以幫助土壤裡的有益菌及其他微生物有很好的生存環境，這樣就能讓根長得好、植物自然強健，這樣的功能是化學肥料所沒有的。我常跟學生說，有機肥料就好像人喝優酪乳一樣，能藉由有益菌改善吸收。

室內避免使用有機肥料

有機肥料有可能因為製作發酵不完全而產生異味，即使味道很淡、人聞不大出來，但仍容易引來果蠅等小蟲。所以我會建議室內不要使用有機肥，改用化學肥料，就能避免此困擾，保持室內乾淨。

而種在陽台、院子的植物，或是你想要種來吃的植物，可以以有機肥料為主，除了較為安心，也能將土的「體質」養好，讓根系成長健全，對於植物的發展絕對是大大的好處。

　有機肥料的肥效通常較低，比較不會造成肥傷，缺點就是效果緩慢，不過長期來看，有機肥料可以改良土壤的環境，讓根系更為健全發展！

肥
料

廚餘也可以當作肥料？

牛奶、洗米水 OK！蛋殼、茶葉渣 NG

　　很多人會想要把廚餘當作肥料再利用，但並不是每一種廚餘都適合，如果隨意嘗試，可能會招來一堆蚊蟲果蠅，或是傷害植物。

適合做為肥料的廚餘

1. 咖啡渣，可驅逐蝸牛

　　細如沙的咖啡渣，放在盆土上分解的速度很快，可以適量的放置作為肥料。咖啡渣的氣味可以驅離蝸牛和蛞蝓，不過當味道消失就會失效，需要更替新的咖啡渣才可繼續防治害蟲。

🌱 咖啡渣特殊氣味有驅離蝸牛、蛞蝓的效果。

2. 牛奶，提供介質養分

　　過期的牛奶可以以 500 倍～ 1000 倍稀釋後，當作肥料澆花，牛奶中的成分可以提供微生物養分，對介質有益。

3. 洗米水，最佳的天然肥料

洗米水含有氮、磷、鉀的成分，是很好的肥料。另外像是洗魚水對植物也很好，只是味道較腥，不適合用於室內植栽。

不適合做為肥料的廚餘

1. 泡過的茶葉，需長時間分解

泡過的茶葉分解很慢，需經過長久時間堆肥後才能再利用。

2. 蛋殼，植物無法吸收

蛋殼的主要成分是鈣，要分解到植物能夠吸收非常困難，雖然蛋殼殘餘的蛋清可以當作肥料，但是作用有限，反而會替害蟲製造躲藏的空間，因此不建議擺放蛋殼。

3. 一般食物廚餘，分解後才能使用

食物廚餘像是果皮、菜葉等，要經過堆肥分解後才能當肥料使用。如果將未分解的廚餘埋在土裡，會產生幾個問題：

- 廚餘分解後會散發氣味，引來小蟲。
- 分解會產生生物熱，尤其堆越多越熱，會讓植物根系受傷。
- 廚餘在分解過程中需要氮，植物生長同時也需要氮，因此分解過程會搶走植物需要的氮，導致生長不良。

肥料

如何施肥才能達到最佳效果？

合適的肥料與施肥時機，創造最好的施肥效果

很多人在施肥後覺得效果不如預期，其實並不是肥料不好，有可能是施肥方式或是肥料選擇錯誤所造成，要讓植栽在施肥後達到最佳的生長效果，需要選擇適合的肥料，搭配上適當的施肥時間，才能創造出最好的施肥效果。

這樣施肥，效果最好

1. 速效肥，效果立即快速

不管是化學肥料或有機肥料，都有做成顆粒狀的固體和必須加水稀釋的液體兩種。固體的效果較持久，就是我們說的「長效肥」，讓肥料慢慢分解或滲入到介質裡面，又叫做「緩效肥」。液體的肥料，加入後馬上就滲入到介質，迅速被根部吸收，所以稱為「速效肥」。

而何時要加「速效肥」、何時加「緩效肥」呢？最主要是要看植物的狀況，如果你的植物開花狀態不理想，這時馬上施加速效肥，就能明顯見效。

2. 花肥、葉肥？對症下肥才有效果

再來，需考慮你施肥的目的為何？是想要針對開花做改善，還是葉子、根莖部位？想改善不同部位，使用的肥料也不同。

肥料有一個「水桶理論」，可以想像水桶是用許多木片拼起來的，有的木片短、有的木片長，代表肥料中的各種元素，假設其中一個木片太低時，就會導致「漏水」，也就是肥料失去有效性，就會影響到施肥的效果。

肥料使用不能長期只偏重一種，比如說種茶花時，你很期待花開很多，但長期使用磷很高的肥料，其他像是根、葉部位得不到那麼多養分供應，就會產生一些問題，甚至會導致肥傷，這個道理就跟人的飲食要均衡一樣，不能因為多吃蔬菜很好，就只吃菜，而不攝取其他營養素。所以使用肥料一定要是平均、全面的，否則肥料用錯可能比不用還糟糕。

3. 液態肥，需一星期追加一次

施肥後，還需要看種植的地方有沒有下雨，會不會將肥料沖掉，如果一般液體肥料，大約一星期就會失去效果，所以一星期需要施肥一次；如果是埋在土裡的顆粒肥，大概可以持續數週至 2～3 個月之久，所以要記錄施肥時間，並觀察植物的變化，再做調整。

肥料

以下以絲瓜、杜鵑花為例子，針對不同時期的需求來施肥。

1. 絲瓜：買了絲瓜苗回來，想要讓它趕快長到棚架上面，才可以接受更多的陽光、長更大，所以在初期發育時可以施加較高的氮肥，幫助幼苗長大，長到棚架上行光合作用後，就會開始開花，這時就要改施磷鉀肥。

🌱 絲瓜在初期發育時，施加氮肥，幫助細苗長大。

2. 杜鵑花：在花期過後，施加一般通用肥料即可，等到「花芽分化」至花芽發育期，再施加磷肥較高的肥料。

春天，是施肥的最佳季節？

在植物的生長階段施肥，才是最佳時機

「一年之計在於春」，一般的木本植物在整年的生長循環過程中，春天是生長最明顯的季節。像是茶花、杜鵑、櫻花、梅花等等，這些花樹在開完花後馬上會開枝發葉，這時就是它最需要肥料的時候，不過這樣的標準並不適用在所有植物上，因此整理出以下的原則，幫助大家掌握施肥的最佳時機點。

三大原則，掌握正確施肥時間

1. 在生長階段施肥最好

植物在生長階段施肥最好，不過如何知道植物何時處於「生長階段」呢？還需要靠種植者多觀察了，如果植株長新芽、冒新葉，就表示有在生長、需要養分，因此需要施加肥料。如果植株枯萎、掉葉，表示正處於休眠期，這個時期就不需施肥。

2. 播種時不用施肥

將種子種到土裡的階段不需要施肥，等到發芽後長大一點、長出真正的葉子（稱之為「本葉」），才需要進行施肥。

3. 開花結果後施肥

在花謝後，或是採收完果實時需要施肥，這個道理就像人生產完要「坐月子」一樣，幫身體把元氣補回來，所以需要「進補」，在植物裡我們又叫做「禮肥」，意思就是開花結果後，需要有「還禮」的動作，是不是很有意思呢！

花草小教室

以下是常見的錯誤施肥方式，需加以避免。

1. 將肥料灑在樹頭

很多人在為樹木施肥時，會直接把肥料放在樹幹基部，但是這裡的粗根並沒有吸收能力，這樣的施肥方式當然無效。真正能吸收的根是在根系最末端的細根，所以應該要施在枝條最外圍對應下來的位置，才是最有效的施肥位置。不過如果是一般盆栽的範圍小，就不會有這種問題。

2. 將顆粒肥灑於土表上

長效肥盡量要埋入土裡，避免放於土面，曝露在空氣中會讓肥料的一些成分揮發，而且還可能因為下雨或澆水被沖掉。而且有機肥還會引來害蟲，像是金龜

子，聞到有機肥的味道就會跑來下蛋，長出來的小金龜就是俗稱的「雞母蟲」，會啃掉植物的根，所以顆粒肥最好要埋入土裡。

植物一定要修剪嗎？
修剪技巧為何？

定期適度修剪，才能維持植株健康

很多人剛開始種植時，會有「捨不得」的心理，覺得好不容易將植物種得枝繁葉茂，要修剪是多麼可惜的事！植物經過栽培不斷生長，剪除過多、過長或不好的枝葉，可以保持美觀、促進健康等好處，所以千萬不要捨不得修剪喔！

定期修剪的四大好處

1. 剪除過於茂密的枝葉，避免病蟲害

當植栽長得太高、太寬、太茂密、通風不良時，都需要進行修剪。尤其過於茂密的情形下，枝幹與葉片密密麻麻的交錯者，照不到陽光的地方就會慢慢枯萎掉落，容易有病蟲害入侵或藏汙納垢，此時修剪是必要的。

2. 修剪殘花敗葉，避免腐爛

若有殘花敗葉或是生病、枯爛的地方，絕對需要修剪，凋謝的花

修
剪

朵繼續留在植株上，不僅有礙觀賞，而且容易阻礙之後花朵的發育。

3. 適度修剪，刺激生長

例如秋海棠、石竹花若不剪除殘餘的花，開花情形會越來越差；茉莉花，在長枝前將它剪更短，會促進它長更多枝、更茂密，同時施肥後就能開更多花。

4. 維持美觀

觀葉植物的葉子生長旺盛，定期修剪，可以維持外型美觀。或是像斑葉植物，有可能突然冒出單色枝條（我們稱為「返祖現象」），雖然不影響植物健康，不過為了美觀，可以剪除。

修剪的三個技巧

正確適當的修剪，能幫助植物長得更好，但是如果隨性亂剪，可能會對植物本身帶來負面影響。當我們發現植物有必要修剪時，從哪裡剪比較好？你知道修剪的位置不同，會影響植物日後的生長嗎？掌握以下三個技巧，能讓植物越剪越漂亮、越健康！

1. 不要的枝條，全枝剪除

當你發現植物過於密集或是枝條生長方向不對時，非常確定修剪的是「不必要的枝條」，這時請大膽的從該枝條長出來的位置，完全剪除！很多人在修剪時，會習慣會留下一小段枝條，但這一小段卻會帶來「後患」，容易會再長出新枝或是造成枯朽甚至是病害侵入的溫床，所以如果確定是不要的枝條，請放心的全枝剪除吧！

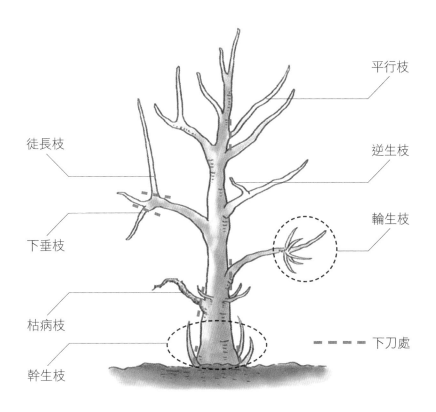

平行枝

徒長枝

逆生枝

輪生枝

下垂枝

枯病枝

下刀處

幹生枝

🌱 修剪各種不良枝，讓植株生長更好。

2. 剪長或剪短，可以控制植物的茂密程度

　　想要植物長得密集或是稀疏，都可以利用修剪來控制，當你修剪位置不同時，會讓植物有完全不同的生長情形。只剪掉枝條的末端，長出的新枝會比較細瘦，如果剪掉比較長的枝條，長出的枝會比較強壯。記住修剪口訣：「弱剪長弱，強剪長強」，就不會剪錯囉！

🌱 金桔強剪枝條後，發出大量新芽，成長更旺盛。

修剪

3. 留下外側芽，讓葉子往外成長

　　大家可能不知道每個葉子的附近都會有小小的芽，我們叫做「腋芽」，長在枝條外側，叫做「外側芽」；長在枝條內側朝向樹木中心的叫「內側芽」。修剪時，如果留下內側芽，就會讓日後的枝條往中間生長，造成植株越來越密集擁擠，所以修剪時，盡可能留下外側芽，枝條才能往外的「開枝散葉」，長得旺盛、好看。

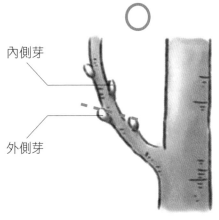
🌱 留下外側芽，讓枝條往外側生長。

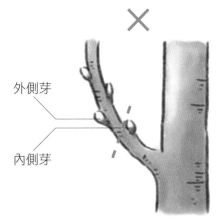
🌱 留下內側芽，會讓植物越長越密。

花草小教室

　　修剪後，需留意以下的觀察與維護：

1. 修剪很大、很粗的枝條時（大約像手臂以上的粗度），要分段修剪，以免枝條斷落時撕裂樹皮。
2. 粗枝剪完需保持傷口乾燥，千萬不要用塑膠袋包覆住，避免潮濕造成腐爛。
3. 修剪後需要施加肥料，幫植物補充養分，以促進恢復生長。
4. 修剪處後續會冒出很多的新芽，需要再進行「留強去弱」的修剪動作，將細弱的枝條剪掉，留下較強壯的枝條，以利後續生長。

開花植物不能隨便修剪？為什麼？

修剪前，需掌握花芽分化的時間

一般常見的金露花、榕樹、羅漢松，作為庭園樹或籬笆用時，當葉子太多、太茂密，或是造型凌亂時，隨時修剪也不會影響植物的生長。所以觀葉、觀型為目的的樹木修剪不需考慮季節時間，只要姿態凌亂就可以剪除。

不過修剪開花植物必須要很小心，因為每種花要從枝上的「芽」變成花的時間點都不同，如果即將要變成花的枝芽被你一刀剪掉，之後就苦等不到花兒來報到了。

開花植物的修剪方式

1. 常年開花植物

只要枝長出來隨時都會開花，所以沒有花芽分化的問題，隨時都可以進行修剪。

修剪

2. 定期開花植物

　　季節性開花的植物，通常一年開一次花，依照植物花芽分化的時間，避免在那段期間修剪，才不會發生開花植物不開花的情形。

🌿 扶桑花為常年開花植物，隨時都　　🌿 繡球花為定期開花植物，需注意
　　可以修剪。　　　　　　　　　　　　花芽分化時間再修剪。

三個範例，搞懂修剪時間

1. 金桔

　　想要讓金桔在一月過年期間結果，要如何靠修剪控制？金桔從開花到結成金黃色果實需要四個月的時間，所以七月進行最後一次修剪，到一月就可以有滿滿的金黃果實。

2. 杜鵑花

　　杜鵑花在春天開花完馬上就會長枝，枝條末端的芽在夏季就會「花芽分化」（也就是芽變成花芽），必需避免在七月後進行修剪，否則將影響後續開花情形。

3. 聖誕紅

　　聖誕紅在入秋後會感應到白天變短、晚上變長而花芽分化，所以要避免在秋天修剪，以免延後開花時間。

🌿 金桔從開花到結果需要四個月。

🌿 暑假後是杜鵑花花芽分化的時間，應避免修剪。

🌿 聖誕紅避免在秋天進行修剪。

花草小教室

　　如果無法知道植物是何時花芽分化時，不要輕意修剪，除非是非剪不可的不良枝條，避免剪掉花苞，造成開花延遲。

順手摘心，簡單的日常維護？

修剪不一定要用剪刀，用手摘除更方便

種花養護的日常工作中，其實隨時用雙手「採摘」，就可以讓植物長得更好。

摘心、摘芽，日常的維護工作

植物的芽剛長出來還很嫩時，可以進行摘心和摘芽。

1. 摘心：刺激側芽生長

絕大部分植物的養分會優先供給到頂芽，讓植物不斷的往上長高，造成植株常常只會不斷「抽長」，卻不「長胖」。這時可以利用「摘心」的動作，來幫助植物往橫向成長。摘心的道理很簡單，就是將頂芽摘除，讓養分轉而刺激旁邊的側芽分枝生長，使枝條更多更茂密。

🌿 適時的摘心，控制植物的高度。

不管是成熟的植株或是小苗盆，都可以透過適時的摘心，控制植物的高度，使其生長得更茂密。

2. 摘芽：讓養分更集中

當植物的芽太多時，會長出過多分枝，造成生長過於密集，我們可以適時的進行摘芽，讓養分集中在主枝發展，植物自然就不會漫無目的的亂長了。

🌿 茶花修剪後冒出太多新芽，需適度摘除。

花草小教室

種植大花品種的玫瑰花，當花苞太多時，養分需要分給各個花苞，如果貪心的想留下全部的花苞，開出來的花會比較小。所以需要進行疏花，將多餘的花苞剪除，讓養分集中給主要的花苞，就能讓花朵開得又大又美麗。

修剪

雜草長不停，怎麼辦？

定期除草並覆蓋介質表面，雜草不要來！

如果只是幾盆盆栽長出雜草，只要在平日照顧養護時隨手拔除即可，不過盆栽越種越多、雜草密集出現，可就是令人頭疼的問題。

雜草帶來的不良影響

雜草是從哪裡來的？有可能是因為風將雜草種子吹來，或是原來就存在於土裡，在照顧植株時，同時也照顧了它們，而讓雜草日益生長。如果漠視雜草的存在，可能會對植株產生一些危害，不可不除。

1. 阻礙植物生長

雜草如果長得太旺盛，會阻礙植物的生長空間，有些雜草甚至會分泌阻礙植物生長的排他物質，不能放任不管。

2. 競爭植物生長要素

雜草的生長勢很強，會跟主要的植株競爭水分、養分和光線，像是蔓藤類的雜草會纏住植物生長，搶走原有植物光線，不能不除！

🌱 雜草會跟植物競爭生長要素，搶走植物所需的養分。

3. 病蟲害的徵兆

很多種植者只會把目光放在自己用心栽培的植物，對雜草視而不見。當雜草感染到病蟲害時，往往也會被忽略，導致蔓延傳染到植株本身。

定期除草並覆蓋介質

1. 將雜草拔除

所謂「斬草不除根，春風吹又生」，有些根莖發達的雜草，要使用工具連根拔起。

2. 覆蓋土面

在栽培的植物盆土上覆蓋塑膠布或是稻殼，讓土面不要暴露。

花草
小教室

栽培環境如果需要大量處理雜草時，可以在雜草萌芽初期，選用壬酸等對環境友善的藥劑，施用要注意不要噴灑到栽培植物。

其他

葉面亮光劑
對植物有不良影響嗎？

適量使用葉面亮光劑，有好無壞

很多人種植觀葉植物時，會使用葉面亮光劑，讓植物葉片看起來充滿亮光感，增添美觀。使用時要特別注意，以免造成反效果。

適量使用，能讓葉片光潔亮麗

葉面亮光劑又稱葉臘，在花市、園藝資材行都買得到。正確使用葉臘，可以讓觀葉植物的葉面充滿光澤感，能夠防止靜電，讓灰塵不易附著，保持葉面乾淨。不過如果使用過量時，會讓葉面看起來又油又厚，失去真實感。

🌿 噴過葉面亮光劑的植物，葉面充滿光澤感。

葉面亮光劑的錯誤用法

葉面亮光劑受到陽光照射會變質，所以只適用於室內植物。噴灑前，必須詳細閱讀商品標示的說明，以免錯誤使用，導致植物受傷。以下列出一般人經常犯的錯誤，請大家小心避免：

1. **不能噴葉背**：葉背有氣孔，如果噴上葉面亮光劑會讓氣孔堵住，導致葉片無法行呼吸作用。

2. **噴灑的距離不能太近**：如果噴的距離太靠近時，亮光劑很容易噴太多、太厚！

3. **不能噴灑於絨毛葉片**：有絨毛的葉片或是多肉植物都不宜使用。

4. **室外植物不能噴**：陽光會讓葉面亮光劑變質，對植物有害，需避免。

不能噴葉背。

不能靠太近噴灑。

不能噴絨毛葉片。

其他

159

颱風來襲，
如何幫植物做好防颱準備？

幫植物做好基本防颱措施，可減少損傷災情

植物防颱措施的主要目的是要減少颱風對植物帶來的損傷，同時安全考量，避免盆栽被強風吹落造成危險。

十大重點，植物防颱這樣做

1. 將盆栽移到安全位置

只要有移位、墜落可能的盆栽都要收放好，像是吊掛、放在欄杆、圍牆上的植物，都要移到不會受到強風吹襲的地方。

2. 蔓藤植物要綁緊

蔓藤植物加強繫綁的工作，如果繫綁的位置太少，綁的位置反而容易變成施力的支點而折斷，建議距離一公尺左右綁一個結。

3. 墊高盆栽以免泡水

請記住「枝葉吹斷事小，根部浸爛事大」。會淹水的地方，將盆子墊高以免植株泡水。

4. 修剪脆嫩枝條

搶先在枝葉脆嫩的植物被吹斷前修剪，至少可以控制斷掉的地方而且傷口平整。但是一定要確認颱風必來才做，否則就白費功夫了！

5. 排水孔保持暢通

陽台、屋頂的排水洞保持暢通，否則落葉殘花堵住洞口，大量雨水一時宣洩不了，就會造成淹水。

6. 將植物橫躺放置

重心不穩或是中大型易傾倒的盆栽，建議直接讓它先躺平吧！這樣盆栽比較不會被吹壞，避免造成傷害。

7. 覆蓋布袋、塑膠袋

如果有枝葉細嫩的植物，可以用塑膠袋將植物整株罩住綁緊，或者是在植物上方蓋上布袋，就能避免葉片吹壞。不管是覆蓋布袋或是塑膠袋，覆蓋後需將裡面的空氣擠出並綁好，以免風灌入袋中形成風箏效應，讓整株植物被風拔起。

8. 撤除遮陰網

若是花園裡設有遮陰網、遮雨棚等設施，要注意是否牢靠。建議可在颱風前先將這些設施撤掉，以免強風將支架拉垮，損傷植物。

9. 大型植物立支架

木本的植物個子高、受風大，可以利用一些能夠撐扶的道具，立支架幫助固定。可仿照路邊行道樹的作法，用三根支柱交叉的方式固定。立好後輕搖確認是否牢固，如果會晃就要再重綁。小株的植物可

以用單支斜撐即可。

10. 搶收食用植物

如果有種植一些蔬菜水果，先將能夠食用、或是快熟成者，先進行採收。

🌿 太長的枝條或是大片的葉子，都可以在颱風來臨前先剪掉。

🌿 將植物套上塑膠袋後，要綁緊避免風灌入袋中。

颱風過後，修復植物這樣做

1. 修剪枝葉

枝葉難免有折斷、撕裂、破損的情形，可以將這些地方剪掉、剪齊，以免造成病菌侵入傷口。

2. 壓緊介質

受風搖動，容易有根基鬆動的情況，要將土壓緊，讓植物得以穩固，否則根系與介質沒有緊靠在一起，根部便無法從介質中吸到水分，將會使植物產生缺水凋萎的現象。

3. 將植物移位

目的是為了預防葉片灼傷。因為有些植物上方的遮蓋物被吹壞、吹走，或是樹葉折斷、修剪，讓原本生長在陰蔽處的植物突然暴露在烈陽下，容易發生「日燒」，所以可以將習慣處於陰暗環境的植物換個位置。

4. 噴殺菌劑

如果盆栽有浸水且被風摧折嚴重，可能要考慮噴殺菌劑，因為介質潮濕加上植物體有許多創傷，是病菌侵入的大好機會。可選擇對環境危害小、毒性低的殺菌劑，例如快得寧、甲基多保淨、億力等，在農會或資材行都買得到，依照使用說明噴灑，可預防風災的後遺症。

5. 蒐集繁殖材料

颱風過後路旁可以見到一些清理出來的斷枝，有些可以作為繁殖材料。像緬梔、南洋櫻、大花曼陀羅等枝條脆的樹木，可以剪取完整的部分來做扦插，通常存活機率高。

其他

Part 4
繁殖篇

植物的繁殖方法分為「有性繁殖」和「無性繁殖」兩大類，

「有性繁殖」就是以種子播種的播種法；

「無性繁殖」則有扦插、壓條、分株、嫁接、組織培養等。

了解栽培植物的基本方法和繁殖方式後，

「越種越多」這件事就更得心應手！

如何判別種子的好壞？

選對好種子，成功種植的第一步

從一顆小種子的發芽，到長根、長葉的成長過程，總讓人感到滿足、充滿樂趣。不過相信許多人都有失敗的經驗，以下列出大家在播種時最常忽略的細節，只要稍加留意，就能讓種子成功發芽的機率大大提升！

種子不好，當然不發芽

很多人開心的買了種子回家播種，卻發現種子發芽率或是生長情形不如預期，其實很有可能在購買種子時疏忽了選購細節。選對好種子，是成功種植的第一步。

1. 種子是否新鮮

選擇種子時最重要的就是新鮮度，種子置放越久，成長活力就會降低，所以購買時查看外包裝上的採收日期或是包裝日期，確保買到的是新鮮種子。

2. 種子的品種特性

同一種植物因為人工培育的目的，可能會有不同的環境適應性，例如百日草就有分涼性的一般種與耐熱的夏天品種，購買時得先分清楚種子適合的季節。

3. 種子擺放的環境

種子遇高溫容易變質，最好以低溫保存。如果購買種子時，發現店家置放於陽光照射處，應避免購買。

依照種子特性，給予合適環境

種子外包裝會有品種特性的說明，像是花色是混合色或是單一色、屬於高性或矮性品種等，需視日後生長環境挑選合適的品種。

例如胡蘿蔔有長的與短的品種，如果在居家種植時，受限於空間，最好挑選短的品種，以利生長；菜豆有高的與矮的品種，如果要種在盆栽時，就選擇矮性品種，有攀爬空間時，可選擇高性品種。

自己播種好？還是買花苗的比較好？

其實播種是很精細的工作，播種過程繁複、種子需要的培育期也較長，所以對於種植新手而言，建議可以先買花苗種植，同樣也能享受到栽培的經驗及喜悅。

🌱 播種法培育的苗盆。

或是選擇容易播種成功的種子，像是向日葵、蜀葵、牽牛花、波斯菊、百日草等，都是成功易種的種子喔！

🌱 向日葵是容易播種成功的種子。

如何促進種子的發芽率？

將種子泡水，最有效的催芽方法！

所有種子發芽都需要水，因此水分絕對是發芽的關鍵，除了微小的種子不適合泡水以外，大部分的種子都可以藉由泡水來促進發芽。

三種幫種子催芽的方式

1. 泡水催芽

促進種子發芽的方法很多，不同的種子也會有不同的催芽方式，而泡水法就是最基本、最簡單的方法。泡水除了可催芽外，也有助於讓種子一起發芽。

2. 利用低溫打破休眠

有些種子可以藉由溫度來打破休眠，促進種子發芽。像是利用低溫打破休眠的植物有三色堇、萵苣；利用高溫打破休眠的有含羞草、椰子類的種子。

3. 弄破種子硬殼

　　有一些有硬殼的種子，需要將殼弄破才能幫助吸水，像是蓮子、牽牛花、蘇鐵的種子，皆屬於此類。

🌱 芫荽堅硬果殼要先壓碎，才能幫助裡面的種子吸水。

種子需密封冷藏，以保持活力

　　雖然種子最好在「新鮮階段」進行播種，不過有時礙於種植考量，無法立即處理，這時需先保存，建議步驟如下：

1. 密封保存

　　用夾鏈袋確實的密封保存，可以防止病蟲害入侵及種子氧化。

2. 貼上標籤

　　在夾鏈袋外註記種子名稱、採收日期、封存日期等。

🌱 開封過的種子可以用夾鏈袋密封，防止病蟲害入侵。

3. 冷藏種子

　　置於高溫處的種子很容易壞損，需保存於陰涼處，最好放入冰箱冷藏，種子在低溫下會進行休眠。即使冷藏的種子還是需要盡快播種，切勿置放太久。

粉衣種子與
一般種子有什麼不同？

粉衣種子包裹著人工藥劑，能幫助種子生長得更好

外層包裹藥劑的種子，稱為粉衣種子。粉衣種子根據製作廠商的不同，配方也各不相同，不過一般包裹的人工藥劑大多含有三種成分：殺菌或殺蟲劑、肥料、生長激素。

粉衣種子的特色

1. 體型較大、易於播種

因為經過人為加工調整，整形後的種子體型較大，形狀統一，易於讓機器播種，但它的播種方式和一般種子並無不同。

2. 顏色獨特

顏色會與原本種子不同，像是玉米、辣椒的粉衣種子就是粉紅色，菠菜的粉衣種子是藍綠色。

3. 不適合有機栽培

絕大多數的粉衣種子包裹的是化學藥劑，若是強調有機栽培，就不適合選用粉衣種子。

4. 價格較貴

因為添加化學藥劑，價格上自然比天然的種子昂貴許多。

5. 多為經濟栽培

選用粉衣種子栽培多半是有目的性，像是預防病蟲害、希望生長快速等等，較少用在居家趣味栽培。

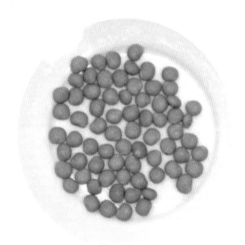

🌱 粉衣種子的體型較大，顏色也很特別。

為什麼播種會失敗？

給予適當的環境，成功發芽非難事

種下種子後，滿心期待發芽帶來的驚喜，但是等了一段時間，怎麼還是完全沒有動靜呢？或者是一發芽就死掉？想要得到發芽帶來的喜悅，除了挑選健康的種子之外，種植環境的溫度、濕度、使用介質等等，都會影響種子是否發芽的要件。

環境不對，當然不發芽

種子的外包裝上，通常會標示種子的發芽率約在 50 ～ 75% 不等，如果發芽率低於標示標準，可檢視在播種種植時，是不是出現以下問題：

1. 是否覆土

一般來說，大顆的種子需要覆土，如果微小的種子（像是四季秋海棠）或是少數「好光性種子」（註）就不能覆土，所以播種時，必需要先判斷是否需要覆土。

註：好光性種子，即喜好光線的種子，通常會標示在種子包裝上，因此好光性種子在播種時不能覆土，與好光性種子相反的則是「嫌光性種子」，大多數的種子都是屬於此類型。

2. 濕度

介質過於潮濕，會讓種子處於過於濕潤的環境，就容易腐爛。

3. 溫度

溫度也是種子發芽的關鍵，在不合適的季節播種，當然無法發芽，一般種子的外包裝會說明適合播種的季節或成長溫度。

4. 新鮮度

有些種子因為存放太久，已經失去生命力，失敗率當然很高。

5. 介質清潔

播種時最好使用全新的介質，以免可能帶有病菌的舊介質讓種子受到感染、產生病害。

什麼是扦插繁殖？
成功率高嗎？

扦插，最簡單、成功率高的繁殖法

「扦插法」是「無性繁殖」的一種。把植物體的一部分插入介質當中，使其長根發芽成為一株植物體，就叫「扦插」。

常見的四種扦插法

扦插可以利用植物的葉子、根、枝當繁殖材料，因為操作簡單、成功率高，所以是最常使用的繁殖法。

1. 枝插

取枝條約 2 ～ 3 節節點的長度，做為扦插材料。適用於大多數的草本及木本植物。

🌱 葡萄硬枝枝插。

2. 葉插

使用葉片做為扦插材料。適用於葉片較肥厚的植物，例如：非洲菫、大岩桐、景天科與椒草科等植物。

3. 芽插

取枝條的一個節點做為扦插材料。常用於苦苣苔科、天南星科。

🌱 西瓜皮椒草葉插。

4. 根插

以植物較粗大的根部做為扦插材料。通常是在植物換盆或是移植時，才會用此繁殖法，常見有仙丹花、阿福花科多肉植物。。

🌱 黃金葛剪下一個節點，就能進行芽插。

🌱 換盆時如果有比較粗大的根，可以剪下來扦插。

花草小教室

大部分的植物枝條都能進行扦插繁殖，少數不容易長根的植物較容易失敗，像是茶花、桂花等，可以將枝條沾發根劑並保持環境濕度才能提高成功率。

「枝插繁殖」的 成功關鍵是什麼？

選擇健壯的扦插枝條，成功繁殖不失敗

扦插法是成功率極高的繁殖法，尤其又以枝插的方式最常使用，只要掌握以下關鍵，就能享受一盆變多盆的樂趣！

枝插成功的五大關鍵

用來扦插的枝條，稱之為「插穗」。選擇好的插穗，是扦插成功最重要的關鍵！

1.選擇飽滿健壯的枝條

很多人枝插會失敗的原因，通常是捨不得剪下健壯的枝條，往往剪的是較細、較弱的枝條，在先天不良的條件下，當然容易失敗。很多人問我要怎麼選擇扦插的枝條，我都告訴大家：「剪下你最捨不得的那枝就對了」。選擇最飽滿健壯的枝條，具有充足的養分和生長勢，成功率自然最高。

扦插繁殖

2. 莖枝帶有 2 ～ 3 個節點

插穗要剪多長呢？ 10 公分？ 20 公分？插穗沒有一定的長度，重要的是需要確認莖上有 2 ～ 3 個「節點」。莖枝上長葉子的地方叫做「節」，也是長葉發芽的地方，如果剪下的插穗剛好在節與節中間，自然就會很難發根，所以插穗上的節點越多，越利於扦插成功。

🌿 選擇莖上有 2 ～ 3 個節點。

3. 避免在高溫下剪枝

剪取插穗時最好避開太陽最強的時候，因為剪枝時葉子本身處於脫水狀態，若處於高溫下就容易導致失敗，若不得已一定得在高溫下進行，可以將較大的葉片剪掉一半，並且立即插水，使其吸飽水分後，再插入介質裡。

4. 選擇適合的季節

一般來說，夏季天氣熱、水分蒸發快，不利進行草本植物的扦插，最好於春、秋兩季較為恰當。不過有些喜好涼冷的植物，像是薰衣草，在冬天插枝會比較好。所以掌握大致原則：一般草本植物在春秋兩季、熱帶植物則在春至秋季進行扦插。

5. 選擇老枝或嫩枝

木本植物的扦插大概分為老枝扦插（咖啡色的莖枝）和嫩枝（綠色的莖枝）扦插兩種。例如桂花、茶花、梔子花、杜鵑花要用嫩枝；櫻花、九重葛，就要用老枝。

6. 降低傷口感染的機會

剪下莖枝時，也代表植物本身有傷口，這時容易受到細菌感染，所以剪的時候，最好要使用乾淨銳利的剪刀，將剪下的插穗自然風乾後，再插入全新乾淨的介質裡，就能將感染的機會降至最低。

扦插繁殖

「葉插繁殖」容易嗎？
成功關鍵是什麼？

避免葉子潰爛，就能大大提升成功率

有些再生能力很強的植物，我們可以利用葉子來繁殖。像是非洲堇、秋海棠、虎尾蘭、椒草等等，都很適合葉插繁殖。

葉插繁殖的三大關鍵

1. 選擇成熟葉片

通常植物最外圍是較為成熟的葉片，切下來做葉插的成功率會較高。大約切下約 1 公分的葉柄即可，避免切太長導致潰爛。

2. 做好保濕動作

除了多肉植物外，保濕是成功葉插的重要關鍵。將葉子插入土裡並澆水後，蓋上保鮮膜或是塑膠袋，可以幫助維持保濕度。

3. 避免感染

用乾淨或經過消毒的刀片來切除葉片，取下來的葉片先讓切口自然風乾後，再插入介質中，以避免病菌從濕潤的切口侵入感染。

非洲菫葉插繁殖

很多人試著葉插非洲菫時，都會遇到容易腐爛的情形，其實大多是因為「材料不乾淨」所引起的，記得介質一定要用乾淨全新的，或是用熱水先燙過，更有消毒殺菌的效果。

Step 1 準備材料

準備葉插繁殖所需的材料：美工刀、保鮮膜、介質、盆器和繁殖植物。

Step 2 切下葉片

將美工刀以酒精棉片消毒後，切除葉片，大約留下 1 公分的葉柄即可。

Step 3 插入介質

將介質澆水，再把葉片切口處插入介質中，葉插的角度約 45 度，不要讓葉片高出盆栽，以便於下個步驟進行覆蓋保鮮膜。

扦插繁殖

Step 4 覆蓋保鮮膜

用保鮮膜將盆栽覆蓋，目的是加強保濕度。包覆後，不需要再進行澆水。

Step 5 等待發芽

耐心等待 2 ～ 3 個月，等到發芽之後再將保鮮膜打開，再將新芽切開另外種植，葉插繁殖就大功告成。

花草小教室

很多景天科的多肉植物即使不小心碰掉葉片，也能再度生長。所以葉插的方式非常簡單，可以說是零失敗的葉插法。只要將葉子平放在介質上，就可以扎根長芽。如果將葉子插入介質裡，反而因為會被土悶住而失敗。

🌱 只要將葉子平放在介質上，就可以將石蓮花成功繁殖。

什麼是壓條法？如何操作？

適合蔓藤植物使用的繁殖法

壓條法是一種存活率極高的繁殖法，只要枝條柔軟、能夠壓到地上的植物都可以做，是發根快的速成招式。

一般壓條法

「壓條法」，就是將枝條壓到介質中使枝條長根，再將長根的枝條切離母株，成為一棵新植株的繁殖方法。主要使用在蔓藤植物或是枝條較柔軟的部分灌木。

像是茉莉花的枝條可以長得很長，這時就可以進行壓條繁殖了。將枝條壓到盆土裡並固定，經過一段時間，壓在土裡的茉莉花就會長根了。

🌱 黃夜香木枝條柔軟，可以直接利用一般壓條法來繁殖。

空中壓條法

　　如果枝條堅硬，無法彎到地上怎麼辦？那只好直接在高高的樹枝上進行，這就是「空中壓條法」，簡稱「高壓法」。有沒有見過樹枝上包著一包包塑膠袋，不知裝什麼東西的模樣？那就是在進行「空中壓條法」。

　　空中壓條法大多用在木本植物，只要是樹木沒休眠的季節都可以進行。

🌱 玫瑰空中壓條。

海南山菜豆的空中壓條法

Step 1 選擇壓條位置

　　選擇直徑 2 ～ 3 公分的枝條。位置的選擇，就看未來切下來種植後希望的植株高度。

Step 2 環狀剝皮

　　用剪刀或刀片將樹皮割兩圈，兩圈的距離大約 1 ～ 2 公分，再將兩圈之間縱割一刀開口，然後將樹皮整圈剝下。

約 1 ～ 2 公分

🌱 「環狀剝皮」目的是讓枝條上方葉片行光合作用製造的養分，藉由樹皮輸送下來時阻斷在剝皮的位置，這裡會形成「癒合組織」後長根。

Step 3 包裹水苔

　　將大約一個手掌的濕水苔，
緊包在環狀剝皮處，利用水苔保
濕，促使環狀剝皮的位置長根，
並讓根部得以吸水生長。

Step 4 包覆塑膠紙

　　水苔包好後，用塑膠紙包緊
固定，保持水苔的水不流失，也
避免雨水流入。接下來只要耐心
等待一段時間，等根長出來，取
下塑膠紙，從水苔的下方剪下，
即為新的植株。

🌿 使用土壤、培養土等介質也可
　　以，不過操作起來較不方便。

🌿 包覆塑膠紙，保持水苔水分。

壓條繁殖

分株法，最快速不失敗的繁殖法

利用「分株法」，快速將植物一分為二

分株法是最快速簡單的繁殖法，只要用鏟子或徒手將植株一分為二，就能輕輕鬆鬆完成繁殖。不過分株法只適合用在叢生型植物，並不適用於每種植物。

分株法只適用於叢生型植物

所謂叢生型的植物指的是從基部會不斷長出新芽的植物，像是韭菜、金針、鐵線蕨、國蘭等。這些植物如果生長得過於擁擠，只要用鏟子往植株中間一鏟，或是徒手就能輕鬆分成二或三等分。

從母叢分開後的新植株擁有完整的根、莖、葉，這與葉插、扦插繁殖法不同，只要再將它們分別種植到新環境，分株就大功告成。而且通常分株會配合換土、換盆，達到「多種需求，一次滿足」的效果，是省時又便利的繁殖法。

🌿 只要徒手，就能將巴西鳶尾進行分株。

嫁接法栽培可以讓果實變甜？

利用「嫁接法」，幫助培育品質優良的果實

在果樹栽培的世界裡，嫁接法是很常見的繁殖方法，它能改良植物的遺傳特性，繁殖出好的品種，使果實的品種優良穩定。不過嫁接繁殖法只能運用於同品種或者是親緣關係相近的植物。

嫁接法，繁殖出優良品種

「嫁接」是取用良好品種的枝條，接合在另一株同種或親緣植物的枝條，使良好品種得以繁殖的技術。它的原理是將兩枝切開的枝條對在一起，讓枝條內的形成層形成癒合組織，綁緊後就會慢慢地相連起來。嫁接繁殖的難度較高，需要一定的專業技術才能成功。

舉例來說，有一棵結出好吃柚子的柚子樹，我們可以取它的枝條接在另一棵不好吃的柚子樹上，這樣就會

🌿 嫁接能繁殖出更好種、品種更優良的植物。

長出好吃的柚子，是不是很神奇呢？

　　購買嫁接植物時，要特別注意嫁接處有無異狀，如果嫁接處變粗，代表癒合組織異常發育，日後很容易折斷。如果嫁接後長出來的新枝瘦弱，也代表這個植物的嫁接不成功，大家在選購時要多加注意，避免選到生長狀況不良的嫁接植物。

Part 5
病蟲害篇

植物為什麼會生病？
遇到蟲蟲危機該怎麼辦？
預防勝於治療，了解並加以防治，
讓植栽遠離病蟲害！

如何避免植物生病？

做好日常維護，打造不生病的環境

植物和人一樣，當身強體壯時，自然擁有極佳的抵抗力，足以對抗病蟲害的侵襲，所以做好日常的照顧，就能降低生病的可能。

預防病害的四大重點

1. 給植物適當的生長環境

依植物特性的不同，適當地給予植物所需環境。例如：植物喜歡乾燥就給它乾燥環境；喜歡濕潤就給它濕潤的環境，喜歡半日照就半日照；喜歡全日照就全日照。

2. 良好的通風環境

當植栽放在緊閉門窗的室內空間時，悶熱不流通的空氣就會讓病害的機率大大提升，所以即使只是開個小窗，讓室內空氣得以循環流通，就可以降低病害問題。另外還需要注意盆栽間的距離不要擺放得過於密集，密集的種植空間，植物也易發生病害。

3. 剪除染病部位

「早期發現,早期治療」,對於植物而言也非常適用。只要隨時細心觀察,發現有一點初期生病症狀時,就趕快將生病處剪掉,阻斷傳染源,預防感染蔓延,植物恢復健康的機率就能大大提升。

4. 使用輔助工具

市面上有賣一些有益菌(會殺壞菌的好菌)可以對抗壞菌,其他像是有機無毒的木醋液,不但可以促進植物生長,也可以預防一些病害。

從葉子判斷是病害還是蟲害

當植物健康出現問題,我們可以從葉片的狀況來做初步的判斷,幫助找出病因。

1. 葉片出現破洞

當葉片出現破洞就表示有蟲啃食,可以進一步觀察蟲種,再決定用何種防治藥劑。

2. 葉片變皺

有些蟲會在葉片背面吸取汁液,導致葉子變皺。像是蚜蟲、介殼蟲,都是讓嫩葉變皺的兇手,將葉子翻到背面,就可以在皺摺裡看到蟲兒的痕跡。

病害

3. 葉子長霉、腐爛、枯萎或變黃

　　當葉子出現長霉、腐爛、枯萎等症狀時，就表示植物生病了，輕微症狀可將患部剪除，如果症狀嚴重時，建議整株丟棄，以免傳染給其他健康植株。

🌿 葉片會破洞肯定是發生蟲害，需進一步判斷蟲種因應。

🌿 植物枯萎病害，必須整株丟棄。

🌿 蟲害會導致葉片變皺。

花草小教室

　　因為環境不對，造成植物生長不良的情形，我們叫做「生理障害」，也算是病害。例如太冷、凍傷、太熱、都是生理障害，所以環境是植物健康很重要的關鍵。像是喜歡涼爽環境的非洲菫，如果在悶熱的環境下，植物容易生長衰弱，這時只要將它們移到涼爽舒適的環境，就能得到改善。

居家常見的植物病害

錯誤的栽種方式或病菌入侵，會讓植物受傷

　　是否依照植物的特性選擇適合的環境種植？植物的光照量是否足夠？是不是太常澆水而導致植物腐爛，或是太久沒澆水讓植物乾枯？突然改變種植方式，像是放了太多的肥料、或是改變放置的環境等，還有受到病菌侵襲，都是植物生病的原因。

照顧不當造成的植物病害

1. 寒害

　　又稱凍傷，發生在喜歡高溫的熱帶植物上。台灣冬季低溫不會到冰點，因此寒害的問題不大，頂多會因為低溫而呈現葉片發紅或是休眠的現象，遇到強烈寒流才有可能凍傷。

🌱 寒害會讓葉片變紅。

2. 日燒

又稱曬傷，發生在植物突然被陽光曝曬，葉子適應不良，出現焦黃的現象。

3. 水傷

薄嫩葉片或是有毛的葉片，因為下雨或是亂澆水，把水滯留在葉片上，導致葉片或花朵的組織受傷。

4. 肥傷

固體肥料放太多、要加水稀釋的肥料泡太濃，會讓葉子壞損，嚴重的話植物會整株枯萎。

5. 酸鹼值不當

大部分的植物喜歡中性的土壤，但仍有些植物喜歡特別酸或鹼的土壤，若是種在酸鹼值不當的土壤中，便會生長不良，常會有葉片變黃的現象。

🌿 葉片曬傷，會出現焦黃、乾枯的現象。

🌿 水傷會讓葉片組織受傷。

🌿 酸鹼值改變會讓葉片變黃。

病菌侵襲造成的植物病害

1. 黑星病

黑星病多發生在夏天，會從老的葉子開始發病，再陸續蔓延到新的葉子，患病的植株葉片上會出現數個小黑點，黑點會慢慢從「點」擴大變成「面」，最後導致葉子掉落。

常發生於玫瑰、梨、櫻花等。需保持通風的環境，若是早期發現發病的葉子，要立即剪除。

🌿 黑星病的葉片上有不規則黑點，周圍還會發黃。

2. 白粉病

日夜溫差大的環境容易發生，特徵是葉片上會像是被灑上一層均勻的薄粉，使葉片組織無法發育，最後葉片萎縮、畸形。

常發生於七里香、小黃瓜、菊花等。平日照護時可噴水或噴油劑，洗落孢子，並阻礙附著在葉片上的孢子飄散，是簡單又不需使用農藥的防治方法。

🌿 感染白粉病的葉片，會覆蓋一層白色粉末。

病
害

3. 炭疽病

炭疽病易發生在高濕度的環境，一年四季都有可能發生。它的病徵是出現黑褐色不規則的病斑，嚴重的地方會乾掉壞死。

常發生於觀葉植物、蘭花。需保持通風的環境，若是發現病斑，要立即剪除。

🌿 炭疽病會出現黑褐色病斑。

4. 鏽病

鏽病從葉子上觀察，會看到有點像是生鏽的斑點，就像鐵器生鏽一樣，很容易辨認。得了鏽病的葉片背面，有黃色或橘色的粉末繁殖體，感染嚴重的話會乾枯，形成落葉。

常發生於金針花、美人蕉、雞蛋花。發生初期可以噴灑葵無露或礦物油，藉由油劑包覆孢子阻礙傳播來達到防治功效。如已生病，需剪除得病的葉片，落葉也需清除。

🌿 得到鏽病的植物，葉片會出現像生鏽一樣的斑點。

5. 疫病

疫病菌潛伏在土壤裡，容易因為澆水過多從根部侵入，疫病會危害到基部，最後組織壞死變黑，導致根部吸的水上不去而枯死。

常發生於蘭花、觀葉植物、植物幼苗。疫病發病的速度非常快，發生之後就很難康復，只能將植物整株丟棄。

🌱 幼苗發生疫病，基部壞死發黑。

花草小教室

很多常見的植物病害種類都有其專屬的農藥可以防治，不過要不要購買農藥進行噴灑，這是個大家可以思考評估的問題。如果只是居家種植數盆盆栽，我會建議不需要特別購買農藥，一方面噴灑農藥需要技術，使用不當小心農藥變毒藥，再者，就經濟效益而言，一瓶農藥的價錢，似乎足以再購買更多健康的植栽呢！

病害

軟腐病，蝴蝶蘭的致命疾病

認識蝴蝶蘭的大敵：軟腐病

　　當整片葉子像水煮過一樣的潰爛，代表蝴蝶蘭被「細菌性軟腐病」侵害，整株已經無法挽救。「軟腐病」最容易發生在非洲菫、多肉植物、蘭科植物，專門侵害肥厚多汁的葉片組織，通常發病很快，一旦發病就很難治療，需要多加防範。

潮濕不通風的環境，是軟腐病的主因

　　軟腐病是藉由細菌感染，通常發生在潮濕不通風的環境下，一開始的症狀就好像是葉子上滴到油，不過那裡面可全都是細菌，而且擴展的速度相當快，只要一個星期，整片葉子都會爛掉，就像煮爛的白菜一樣，一碰就潰爛，這時就已經是完全沒得救，只能宣告「死亡」了。

如何預防軟腐病？

軟腐病一般很少發生在栽培於戶外的植物，大多都發生於室內，原因是室內空氣較悶熱，或是澆水後沒有保持通風透氣，水浸在植物組織上，成為病菌的最佳媒介。所以只要注意通風良好，就算澆了水，葉子上的水分也會自然風乾，較不容易有病害發作的機會。

蝴蝶蘭細菌性軟腐病，會讓葉片整個爛掉。

多肉植物感染細菌性軟腐病，葉片潰爛脫落。

葉子的邊緣焦黃，該怎麼辦？

病害、肥傷、日燒，都有可能造成葉片焦黃受傷

植物葉子的末端與邊緣通常都有排水洞，叫做「泌液孔」，當植物水分太多時，就會從泌溢孔排出。不過泌液孔也是病菌容易入侵的地方，也是很多病害都是從葉子末端開始「發病」的原因。

造成葉片焦黃的原因

1. 酸鹼值是否不當

植物在不對的酸鹼質土壤裡生長，會造成葉片黃化，生長不良。

2. 是否過度施肥

肥料太多會傷根，或是缺乏某些特定肥料也有可能，但在一般居家栽培較少發生。

3. 是否發生病害

植物常見的褐斑病，很容易從葉緣發病，例如桂花的葉子末端容易焦黃，那是特定的桂花褐斑病。

4. 栽培環境是否太熱

　　環境曝曬造成日燒，或者是植物被乾燥的熱風吹襲，都會造成葉片焦黃。

改善與解決方法

1. 依據葉子的形狀修剪焦黃的部分。
2. 改善栽培方式，**酸鹼值是否不當**、栽培環境是否過於悶熱，找到關鍵因素並加以修正。
3. 觀察是不是特定病害造成，初期發現就要馬上剪掉受傷部位，阻礙病菌傳染，並且噴藥，抑制可能正在醞釀的病菌，預防再度發生的可能。

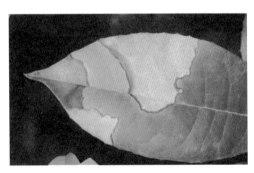

🌿 桂花褐斑病。

🌿 合果芋葉斑病。

🌿 千年木炭疽病。

遇到毛毛蟲、甲蟲，
該怎麼辦？

看見毛毛蟲不要怕，立即移除

　　不同種類的毛蟲，啃食的葉子種類也不同，所以幾乎每種植物都會遇到毛蟲、甲蟲等，是令人頭痛的害蟲。

毛毛蟲，造成葉片破損的頭號殺手

　　毛毛蟲應該是最好判別的蟲害，大多是蛾類或是蝶類的幼蟲，經常啃食植物的葉子、花瓣、果實，讓植株受傷。

　　被小型毛毛蟲啃食過的葉子會呈半透明狀；如果是大一點的毛毛蟲，會從葉片邊緣開始啃食，造成葉片出現破洞。

　　如果看到毛毛蟲出現時，建議立即去除，馬上用筷子或是夾子將它們

✅ 葉片出現破洞，通常就是被毛毛蟲啃食的結果。

夾除。平時也可以噴灑苦楝油、矽藻土或辣椒水來防治，或是有機農法常用的蘇力菌，但是紫外線會破壞其成分，最好在傍晚太陽下山後再噴灑才能發揮效用。

葉蜂，外觀類似毛蟲的害蟲

葉蜂寶寶就跟毛蟲啃食的特徵一樣，啃食過的葉子會呈半透明狀或是造成葉片出現破洞。

飛行能力較差的葉蜂成蟲，可以電蚊拍直接捕殺。在葉片上噴灑苦楝油、矽藻土，可預防成蟲產卵。

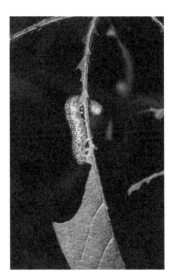

🌿 杜鵑葉蜂寶寶會像毛蟲一樣啃食葉片。

甲蟲類、蚱蜢類，噴灑辣椒水

甲蟲類的金龜子和金花蟲也是常見的蟲害常客，它們會啃食葉片，也會危害果實、花朵。會將葉片啃食得千瘡百孔，啃食的痕跡會呈現不規則的孔狀。

蚱蜢和蝗蟲在都市較少出現，不過在野外跟鄉下常常可見它們在啃食葉片。啃食葉子是用撕咬的方式，所以葉片週圍會有纖維絲的痕跡。

🌿 蝗蟲會撕咬葉片，產生有纖維的痕跡。

要防治甲蟲類和蚱蜢類的蟲害，建議噴灑苦楝油、矽藻土或辣椒水加以防治。

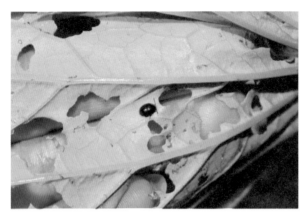

🌱 金花蟲會將葉片啃食得千瘡百孔。

蝸牛、馬陸，會傷害植物嗎？

蝸牛、蛞蝓請小心；馬陸、蚯蚓，花園裡的益蟲

台灣居家花園常見的蝸牛有 5 ～ 6 種，蛞蝓也有 2 ～ 3 種以上，牠們會危害植物，絕對要小心防治。馬陸和蚯引則是無害的益蟲。

保持通風乾燥環境，避免蝸牛、蛞蝓棲息

軟體動物中的園藝害蟲，主要為蝸牛與蛞蝓。牠們為夜行性種類，喜歡溫暖、潮濕的環境，在雨後或夜晚、清晨也很容易見到牠們出沒。

會啃食植物幼苗、嫩芽、葉片、果實、花朵、花苞、根尖等組織，會在植物組織上留下不規則的咬食痕跡。蝸牛會在刮食葉肉後，在葉片留下黏液的痕跡。一般會危害接近地面的植物，亦有可能攀爬到 2 公尺以上的樹上覓食。

蝸牛、蛞蝓的防治方法

1. 保持通風與乾燥環境

可利用空盆缽、磚瓦、木竹等園藝資材將盆栽墊高擺放，避免提供藏匿環境。盡量減少地面潮濕，如果常於傍晚或晚上澆水，就會製造出牠們喜愛的棲息環境。

2. 保持栽培環境清潔

避免於盆面或土上堆積落葉、枯草等有機物，提供其藏匿及食物來源。尤其不要於土上或盆中堆放廚餘，以免提供充裕的食物來源。

3. 繫綁銅條

棚架支柱或樹幹可繫綁銅條或銅線（隨樹幹生長，要記得鬆開），利用銅氧化產生的離子，會讓蝸牛、蛞蝓不敢接近。

4. 灑粉驅離

植株周圍地面，可撒矽藻土、鋸木屑、澱粉、石灰等，因其會附著於軟體動物體表，造成牠們體液黏度大增而影響行動。

將樹幹綁上銅條，能讓蝸牛和蛞蝓不敢靠近。

馬陸、蚯蚓，分解有機物的益蟲

馬陸食用枯枝落葉、蚯蚓喜歡吃土裡腐爛的有機物，它們都扮演

著分解者的角色，可以讓土壤維持良好，對植物有益無害，所以不需防治它們。

　　尤其是蚯蚓在土壤活動時，可以讓土壤的透氣性保持良好，其排泄物也可以改善土壤，是植物界中公認的益蟲！

🌿 馬陸是大自然中的分解者，生活在潮濕的環境當中。

🌿 蚯蚓可以讓土壤變得更優良。

螞蟻會危害植物嗎？

　　在台灣，只有少部分的螞蟻會直接食用植物，有一些種類的螞蟻，會和蚜蟲、介殼蟲、粉蝨等害蟲共生，幫助他們生長。螞蟻對植物雖然沒有直接性傷害，但是也相當的惱人。如果發現螞蟻在土團裡作窩，可以將整株盆栽浸水 20 分鐘再取出，就能將螞蟻淹死清除，或是用螞蟻藥來防治。

介殼蟲、蚜蟲
對植物會造成什麼傷害？

吸取葉片汁液，讓葉片枯萎畸形

　　介殼蟲、蚜蟲體型小，容易隱匿藏身，往往發現異狀時，已經侵害嚴重，除了立即治療之外，平日也要做好防治養護工作，早發現、早處理，絕對是最好的方法！

介殼蟲，最常見的植物蟲害

　　全年都可見介殼蟲的身影，體積通常很小，移動速度緩慢甚至不動，加上種類繁多，很容易造成誤判。

　　根、莖、葉、花、果都會有介殼蟲危害，牠們尤其喜歡葉腋、葉背等藏匿處，不易查覺。通常會集體聚集，只要發現時，就要趕緊檢查鄰近的枝葉及鄰盆是否也被攻占。

　　可以用肥皂水直接噴灑在蟲體上，

🌿 粉介殼蟲有時會被誤判成白粉病，但只要仔細觀察就可以正確辨別。

或是用牙刷沾肥皂水輕輕將介殼蟲刷除，清刷時要小心避免蟲體掉落到植株上。

蚜蟲，終年可見的蟲害

蚜蟲也是終年可見的害蟲，大多為綠色軀體，其他像是黑色、褐色、黃色也很常見，往往會群生聚集在植株的葉片、花苞、嫩枝上。

蚜蟲喜好新芽，吸取其汁液，會使葉片泛黃、捲葉、發育不良等。可在植株旁擺放黏蟲紙，可有效黏住蚜蟲會飛的成蟲。或是噴灑肥皂水或辣椒水，達到防治驅離的效果。

🌿 蚜蟲常群集在新芽上吸取汁液，使葉片發育不良。

蟲
害

紅蜘蛛、薊馬，該如何防治？

噴灑辣椒水，驅離紅蜘蛛；噴灑苦楝油，讓薊馬遠離

　　紅蜘蛛會吐絲包圍植物，薊馬會讓葉片萎縮、花朵留斑，都會讓觀賞價值降低，可以透過日常的照護加以防治，讓蟲害遠離。

紅蜘蛛，傳染快速的蟲害

　　紅蜘蛛體型小，也是居家園藝很常見的害蟲之一，它是蜘蛛的遠親，學名叫做「葉蟎」，因為體色為紅褐色，所以俗稱紅蜘蛛。其生長快速，傳染性極強，一發現就要立即處理，避免擴大病情。

　　只要是乾燥高溫的天氣，紅蜘蛛就會囂張的出沒，吸收葉片上的養分，使葉面出現白白的細點，嚴重時會吐絲把葉片包住。用肥皂水或辣椒水直接噴灑在蟲體上，或是用牙刷沾肥皂水輕輕將蟲體刷除。平常可以多噴水在葉片上，對於喜好高溫乾燥的紅蜘蛛有驅離的作用。

🌱 紅蜘蛛雖然不是蜘蛛，但同樣會吐絲把葉片包住，造成危害。

薊馬，具有飛行能力的害蟲

薊馬喜歡藏匿在隱密的地方，像是葉背、花朵皺褶處，需特別注意並且防治，否則破壞美觀，植物也失去觀賞的價值了。

薊馬的飛行能力佳，需有特定花朵以及特殊氣味才會被吸引，像是蘭花、梔子花、榕樹等，以口器刺吸。當葉片組織受刺吸後產生紅褐色斑點或斑塊，斑點周圍葉肉黃化、萎縮。花朵被薊馬吸刺過後，也會有白色或褐色斑點出現在花瓣上。

如果認為病葉影響美觀，只需摘除或剪除受害葉片並小心丟棄處理，就能有效控制危害程度。可在春季於葉片噴灑苦楝油產生「忌避效果」（見 p.223），或噴灑一般殺蟲用藥劑。

🌱 花朵會受到薊馬的危害而留下斑點。

🌱 榕樹嫩葉被榕薊馬吸食，產卵後受刺激向上包捲，形成袋狀蟲癭。

飛行能力佳的害蟲要如何防治？

善用黏蟲紙、苦楝油，防止會飛的害蟲

飛行能力佳的害蟲較難抓到現行犯，因此可以利用黏蟲紙誘捕或是在葉片塗上苦楝油，加以防治。

粉蝨，容易侵害瓜類、柑橘類的植物

蟲體為白色，俗稱白蚊子，若蟲（註）時的動作緩慢，有點像介殼蟲，成蟲後才有飛行能力。瓜類、柑橘類、菊花類、聖誕紅等植物易受到粉蝨的危害，除了傷害葉片之外，還有可能傳遞病毒，需特別注意。

粉蝨會吸取植物組織的汁液，造成葉片黃化而枯萎。牠們對黃色或藍色有特別偏好，可以利用黏蟲紙誘捕，或是噴水驅離。

註：不完全變態的昆蟲自孵化後，翅膀未長成，外形和成蟲相似，但生殖器官尚未成熟，此時期的昆蟲稱為「若蟲」。

🌱 粉蝨蟲體為白色，俗稱白蚊子。

🌱 柑橘粉蝨喜歡棲息在葉背上，若蟲時動作緩慢。

椿象，會讓葉片產生黑色斑

椿象當中的盲椿象是植物的大敵，會吸取葉片、花苞跟果實，吸完會在葉片上造成黑色壞疽斑點。體型較大的椿象反而帶來的危害比較輕微。可以用苦楝油、矽藻土或辣椒水，加以防治。

🌱 盲椿象的體型大約與蚊子大小差不多。

🌱 盲椿象會吸取葉片汁液，造成黑色斑點。

盆栽經常出現小飛蟲，
該如何避免？

不使用有機肥料、介質，就能避免小飛蟲

有些蟲害雖然不會危害植物生命，但卻揮之不去相當惱人，帶大家認識這兩種惱人的植物蟲害。

小飛蟲雖然無害，卻會破壞美觀

盆栽附近出現小飛蟲是很常見的情形，雖然不會危害到植物，但是對於居家環境會造成困擾。其原因並非出在植物身上，而是當盆栽介質裡有落葉或腐爛的根、莖，或是施加有機肥料時，有機物分解的氣味就會吸引果蠅、蕈蚋等小飛蟲靠近。

所以室內不使用有機的介質、肥料，就不會引來小飛蟲。如果真的需要使用有機材料時，可以在介質上面覆蓋不織布、木屑、小石頭等材料，防止昆蟲出入。

保持通風環境，蚊子不躲藏

　　每到 4 ～ 6 月，高溫多雨的天氣下，會發現蚊子出沒頻繁，讓人深感困擾，想要預防並避免植栽成為蚊子的溫床，可從以下幾處著手改善：

1. 修剪密集的枝葉

　　蚊子容易藏匿在枝葉緊密的植物中，適當的修剪過密的枝葉，可以讓植物保持通風，避免蚊子躲藏其中。

2. 定期倒掉水盤積水

　　盆器水盤最容易積水，最好 2 ～ 3 天清理一次，避免蚊蟲有機會靠近並產卵。

3. 設計生態陷阱

　　蚊子會將卵產在水中，幼蟲孑孓也是生活在水中，所以在花園中擺放一些盛水容器，並在裡面種植水生植物和養一些小魚，當蚊子前來產卵，魚就會把卵吃掉，像是孔雀魚、大肚魚、蓋斑鬥魚都是很好的選擇。利用這種方式，不僅可以打造一個小小的生態圈，蚊子自然也無法繁衍，有效減少蚊子的數量。

蟲
害

看不見的可惡蟲害，該如何防治？

蛀食植物的害蟲，隱藏危機

　　有一些看不見的害蟲，躲在暗處裡危害植物，像是藏在果實裡蛀食果實的果實蠅會蛀食樹幹，在樹幹裡鑽來鑽去的天牛，還有潛藏在葉片裡吃葉肉的潛葉蛾等，都是植物看不見的隱藏殺手，絕對要小心防治！

常見蛀食植物的蟲害

1. 蛀食果實──果實蠅、瓜實蠅

　　蛀果實類的害蟲又因蛀食的部位不同，可以分為果實蠅（會蛀食芒果、芭樂、蓮霧等果實類）和瓜實蠅（蛀食小黃瓜、瓠瓜等瓜類）。

　　果實蠅和瓜實蠅會在果實（瓜）裡下蛋，蠅的幼卵就會在果實裡面進行孵化，形成幼蟲後在果實裡蛀吃果實，成熟後再鑽出來化成蛹。

　　果實蠅和瓜實蠅喜歡黃色，可以用黃色的黏蟲紙捕捉。甲基丁香油的氣味具有費洛蒙的成分，可以吸引公蠅前來，誘捕公蠅後，就可

減少母蠅在果實上產卵。也可以將果實、瓜類套袋或是以報紙包覆，加以保護。

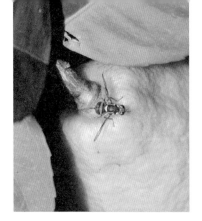

🌱 果實蠅幼蟲專門蛀食果實。

2. 蛀食莖幹──木蠹蛾、天牛

木蠹蛾、天牛專門蛀食樹枝、樹幹，天牛在都市居家較為常見，木蠹蛾較常出現在果園。天牛中又以星天牛最常見，它會蛀食柑橘類植物、柳樹、桑樹等。

天牛成蟲會吃樹皮，但其實幼蟲的危害更大。因為雌蟲會將卵產到樹皮下，孵化出的幼蟲會在樹幹裡面鑽來鑽去，並啃食木頭內部，對植物造成極大傷害。

🌱 幼小的天牛會在樹幹裡鑽來鑽去，對植物造成極大傷害。

如果一發現蟲體，就需要直接撲殺，如果發現樹幹上有蛀洞及啃食掉落的木屑，但看不到蟲體，可以用鐵絲伸入蛀洞內，或是噴以殺蟲劑。也可以在樹幹表面塗上白漆或石灰，避免雌蟲產卵。

3. 蛀食葉片──潛葉蛾、潛葉蠅

蛀食葉片的蟲害代表是潛葉蛾和潛葉蠅，又通稱為「地圖蟲」，因為潛藏在葉子裡吃葉肉，產生像路線圖的線條而得名。可以噴灑苦楝油預防成蟲產卵。

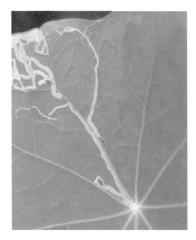

🌱 地圖蟲會把卵生在葉肉裡，孵出來的幼蟲就在葉片薄層裡鑽來鑽去並吃葉肉，在葉片上形成不規則的圖形。

蟲害

219

4. 蛀食根部——雞母蟲、螻蛄

　　雞母蟲和螻蛄是會藏在土裡蛀食根部的害蟲，雞母蟲是金龜子的幼蟲，外觀白白肥肥的；螻蛄在夜晚才會進行活動，大多在農田附近出沒。

　　蛀食根部的害蟲通常會立即性的影響植物生命，因為當植物根部受損時，養分也無法傳輸到達莖、葉，所以如果發現植物突然不明原因枯死，很有可能就是介質裡有雞母蟲在作亂。可將有機肥埋深到介質裡，或是在介質上覆蓋防蟲網、不織布等，防止害蟲鑽入。

🌱 雞母蟲，會蛀食植物根部，導致枯死。

花草小教室

　　危害植物的害蟲可以依照牠們的食用植物種類多寡，分為「寡食性」和「泛食性」兩種。寡食性的害蟲會專門危害特定植物，像是鳳蝶幼蟲專門食用柑橘類植物的葉片；許多金花蟲專門食用旋花科的植物，如空心菜、牽牛花、地瓜葉等等。泛食性的害蟲代表為粉介殼蟲，危害的植物有上百種，幾乎每種植物都會被入侵，另外像是蠹蛾的幼蟲，也是泛食性的代表。

植物長了凸起的東西，是什麼？

植物產生不正常增生現象，原來是昆蟲在作怪

「蟲癭」是指植物受到造癭生物的刺激，產生不正常增生現象，我們可以想像是昆蟲的育嬰室，所以將蟲癭切開或剝開，會看到昆蟲的卵或幼蟲在其中。這種造成葉片畸形的兇手稱為「造癭生物」，此現象稱之為「蟲癭」。

蟲癭會出現在植物的各個部位，像是葉片、葉柄、枝條、芽。蟲癭的形狀千奇百怪，各種捲曲、凹陷、腫大、畸形或形成具有腔室的獨立特殊結構，有的像是青春痘般圓圓凸起，有的像鬱金香的杯子形狀、有的鮮豔的像果實。

造成造癭生物的種類很多，像是木蝨類、蚜蟲類、蠅類、蟎類等都有，常見的像是象牙木木蝨、榕薊馬等等。建議噴灑苦楝油防治，阻止造癭生物前來造癭。

🌱 蟲癭的形狀千奇百怪，嚴重的話會影響植物生長。

🌱 像果實般的蟲癭。

蟲
害

221

是否有安心天然的防蟲方式？

辣椒水、肥皂水，自製天然防蟲劑

辣椒水對於殺蟲跟防蟲害非常有用，市面上有很多地方都有販售調配好的商品；肥皂水對於殺死小蟲也相當有效，可自行製作。

噴灑礦物油

礦物油是經由石油煉製而成、安全無毒的天然農藥，但是只對防治小蟲有效，使用方法也需特別注意，如果使用錯誤，不但無法防蟲，還可能使植物產生藥害。

1. 稀釋正確的倍數

礦物油品牌眾多，不同成分、不同害蟲，所稀釋的倍數也不一樣，如果蟲害出現在嫩枝、嫩葉與花苞上，建議要比包裝標示的濃度再稀釋更多，以免對幼嫩組織造成傷害。於高溫烈日下噴灑時，建議稀釋倍數也可以再稀一點，避免植株受傷。

2. 一定要噴在蟲體上

礦物油除蟲的原理是利用乳化的油劑將蟲體包覆後，阻礙呼吸讓蟲窒息而死。所以沒有噴到蟲體的話，就無法產生效果，但仍需注意

噴灑用量，不要讓藥液沾濕浸染整個枝葉。

3. 持續觀察，留心漏網之蟲

即使已仔細噴灑除蟲後，最好一個星期後再徹底檢查一遍，確認是否還有「漏網之蟲」，盡早一網打盡。

利用「忌避法」，害蟲自動驅離

在有機草莓園裡，因為不使用農藥，又要避免草莓被蚜蟲侵襲，會在草莓園裡穿插種植蔥。因為蚜蟲討厭蔥的味道，所以對蔥就會產生「忌避反應」，利用這種忌避的特性，就可以避免噴灑農藥，達到有機的目的。而一般居家種植時，也可以穿插像是香茅、九層塔、迷迭香、薰衣草、香菜、蔥蒜等有特殊氣味的植物，蟲子聞到不喜歡的氣味，自然就會不敢接近。

花草
小教室

礦物油無毒、無害、無臭，不過不小心噴到手會有點黏黏的感覺，用肥皂水清洗即可。礦物油和肥皂水哪一種比較好呢？其實兩者的使用方式大同小異，如果只有一、兩株植栽發生蟲害時，自製肥皂水較為經濟實惠，不過要記得噴灑肥皂水半小時後，需再用清水將肥皂液沖掉，避免皂殘存於植物上，對部分組織造成傷害；如果蟲害侵害情形嚴重時，再使用礦物油。

如果不想要殺死害蟲，也可以使用苦楝油。苦楝油是一種天然的防蟲劑，來自印度苦楝的萃取成分，因為含有蟲子不敢吃的成分，只要噴灑在植物上，蟲子自然就不會靠近。苦楝油不算是農藥，取得途徑也很方便，很好購買。使用苦楝油驅蟲時，要注意時效性，通常經過一週，效果就會慢慢消失。

蟲
害

生活樹　生活樹系列 096

新手種花 100 問
（暢銷修訂版）

作　　　　　者	陳坤燦
封 面 設 計	張天薪
版 面 設 計	theBAND‧變設計 — Ada
行 銷 企 劃	蔡雨庭
出版一部總編輯	紀欣怡

出 　版　 者	采實文化事業股份有限公司
業 務 發 行	張世明‧林踏欣‧林坤蓉‧王貞玉
國 際 版 權	施維真‧劉靜茹
印 務 採 購	曾玉霞
會 計 行 政	李韶婉‧許俙瑪‧張婕莛
法 律 顧 問	第一國際法律事務所　余淑杏律師
電 子 信 箱	acme@acmebook.com.tw
采 實 官 網	www.acmebook.com.tw
采 實 臉 書	www.facebook.com/acmebook01

I　S　B　N	978-986-507-777-8
定　　　價	380 元
初 版 一 刷	2022 年 4 月
初 版 四 刷	2023 年 12 月
劃 撥 帳 號	50148859
劃 撥 戶 名	采實文化事業股份有限公司
	104 台北市中山區南京東路二段 95 號 9 樓
	電話：(02)2511-9798　傳真：(02)2571-3298

國家圖書館出版品預行編目資料

新手種花 100 問 / 陳坤燦著 . -- 初版 . -- 臺北市：
采實文化事業股份有限公司, 2022.04
224　面；17x23　公分 . -- (生活樹系列；96)
ISBN 978-986-507-777-8(平裝)
1.CST: 園藝學 2.CST: 花卉 3.CST: 栽培
435.4　　　　　　　　　　　　　111002912

采實出版集團
ACME PUBLISHING GROUP